MACHINES AGRICOLES

DE

TH. PILTER

24, Rue Alibert, PARIS

Représentant

1878

IMP. JULES CHÉRET & C.ie 18, R. BRUNEL, PARIS.

AVIS

Ce Catalogue comprend la liste des Machines et Instruments agricoles provenant des premières fabriques d'Angleterre, de France et d'Amérique.

Des dessins et des prix seront fournis, sur demande, pour toute Machine ne se trouvant pas signalée ou décrite dans ce Catalogue.

CONDITIONS

Tous les payements effectués en espèces, à Paris, dans les quinze jours suivant la livraison, auront droit à un escompte de 2 o/o.

La livraison est faite dans les magasins, à *Paris*, 24, rue Alibert.

Le camionnage et l'emballage (s'il y a lieu), sont à la charge de l'Acheteur.

Les débits et les poids des Machines ne sont donnés *qu'approximativement* et seulement à titre de renseignement.

Les frais de mise en train des Machines, lorsqu'il y a lieu, comprenant le voyage du Mécanicien, sa nourriture et son logement, sont à la charge de l'Acheteur.

Les Compagnies de Chemins de fer étant responsables des avaries, les destinataires sont priés de faire des réserves, le cas échéant, avant de prendre livraison des Machines.

NOTA. — Les fermes se trouvant en général très-éloignées des centres commerciaux, le recouvrement des petites sommes est rendu difficile et onéreux. — Pour éviter ces difficultés, toute expédition d'une valeur inférieure à 50 fr. sera faite contre remboursement.

EXPORTATION

Les commandes pour l'Étranger se paient d'avance.

Les Machines destinées à l'Étranger et livrées à Londres, Liverpool, et en transit, au Hâvre, Marseille, Boulogne, Dieppe, Bordeaux, etc., sont livrées à des conditions spéciales.

1ᵉʳ Mars 1878.   TH. PILTER.

AVANT-PROPOS

EPUIS la première Exposition universelle de Londres, en 1851, bientôt suivie de celle de Paris, en 1855, jusqu'à la grande Exposition internationale qui va s'ouvrir en 1878, la fabrication des instruments et des machines agricoles a fait d'énormes progrès chez tous les peuples civilisés. Leur usage est, d'ailleurs, devenu général même dans les pays neufs où manquent les établissements de construction. On peut dire qu'une révolution véritable s'est faite en un quart de siècle dans les procédés de l'agriculture, par l'intervention de la mécanique aussi bien que par celle de la chimie. Les sciences ont aidé le cultivateur ainsi que cela ne s'était jamais vu dans les siècles passés. Au fur et à mesure que le prix de la main-d'œuvre s'est élevé, les machines ont augmenté en nombre, en puissance, en perfection. On leur demande et elles rendent des services qu'on n'eût pas osé espérer tout d'abord. La vapeur, l'eau le vent sont partout employés, grâce aux machines, pour aider ou remplacer les animaux de trait, et l'homme est relevé de la fonction de bête de somme que naguère il remplissait trop souvent. Cela est vrai pour les travaux d'intérieur dans les exploitations rurales aussi bien que pour les travaux d'extérieur dans les champs, quelles que soient les cultures, pour les céréales comme pour les racines et les plantes fourragères ou industrielles, comme pour la vigne et les plantations fruitières ou forestières. Les avantages obtenus sont tellement incontestables et considérables que les agriculteurs ne reculent plus comme autrefois devant la dépense qu'exige l'achat d'un matériel perfectionné. Tout en cherchant même une sage économie, on sait qu'il est souvent préférable de payer un peu plus cher et d'avoir à la fois solidité et exécution soignée. Combien de machines sont payées en une seule campagne par suite des bénéfices que produit leur usage. Les preuves de ce fait abondent. Ainsi, en 1877, par exemple, la nécessité des machines à moissonner a été si bien constatée que les fabricants n'ont pu donner satisfaction à toutes les commandes; on expédiait encore des moissonneuses mécaniques dans les derniers jours de la moisson.

De même, les fabricants de machines à battre n'ont pu suffire à la demande des machines puissantes, donnant rapidement le grain tout prêt à être porté sur les marchés ou plutôt immédiatement livré à la consommation.

Les progrès dans l'invention et dans la construction des machines agricoles ont été accompagnés de perfectionnements marqués dans la fabrication des instruments à main devenus plus légers, plus solides, mieux appropriés aux usages auxquels ils sont destinés; les objets de ménage, d'économie domestique se sont également améliorés.

Parallèlement au développement et au perfectionnement du matériel des exploitations rurales de tous genres, un changement bien remarquable s'est aussi manifesté dans le personnel de l'agriculture. Depuis les chefs les plus élevés jusqu'aux simples ouvriers, tout le monde comprend mieux les avantages des bonnes machines, l'importance de les graisser, de les bien entretenir et réparer, au lieu de les laisser abandonnées à toutes les intempéries; la nécessité de se procurer des pièces de rechange bien numérotées et, comme conséquence, les bénéfices réels que l'on trouve à s'adresser pour les achats à des maisons fortement établies, offrant les garanties d'un commerce loyal et étendu. Les constructeurs de machines sont devenus les collaborateurs des agriculteurs, au grand profit de la production générale et de la prospérité de tous.

CHARRUES HOWARD

A maison Howard a vendu plus de 120,000 CHARRUES; aucune autre fabrique n'a livré à l'agriculture autant de ces instruments, nulle ne les fait aussi perfectionnés, et se prêtant mieux à toutes les natures de sols et de labours, soit qu'il s'agisse de terres de consistance légère, moyenne ou forte, soit qu'il soit question de faire des labours de surface, ordinaires ou profonds.

Les charrues Howard sont construites complétement en fer, et toutes leurs pièces de rechange peuvent se placer et se déplacer SANS EXIGER AUCUN AJUSTAGE. On doit appeler particulièrement l'attention sur leurs socs qui sont en FONTE DURCIE par la trempe.

Ces socs sont moins susceptibles de s'user rapidement que ceux en fer ou en acier. Un soc neuf en fonte trempée coûte d'ailleurs moins cher que le rechargement d'un soc en fer; du reste, on sait que quand une charrue rencontre une borne, il n'est guère possible que quelque partie ne casse pas; il vaut mieux que cela arrive au soc, qui a peu de valeur, qu'à toute autre pièce plus importante et plus coûteuse à remplacer ou à réparer.

Les charrues du type Howard, pour les labours ordinaires plus ou moins profonds, diffèrent les unes des autres pour la force, selon qu'elles doivent opérer dans des terres plus consistantes ou pénétrer plus ou moins. Sur l'age en fer, il se trouve d'abord un régulateur simple; celui-ci se compose d'une pièce double tournant autour d'un axe vertical fixé dans l'age, et d'une tige verticale pouvant être élevée ou abaissée, que l'on retient à la hauteur voulue par une vis de pression; de cette manière, on détermine avec UNE GRANDE PRÉCISION la hauteur du point d'attache de la tringle de traction, qui est fixée à son autre extrémité, sous l'age, au-delà du coutre, près de la jonction de l'age et du sep de l'instrument; la largeur du labour est déterminée par une goupille qu'on place dans l'un des trous du secteur horizontal du régulateur. Deux roues d'inégal diamètre, dont la plus petite roule sur la surface du champ et la plus grande dans le fond du sillon, et qui peuvent s'élever ou s'abaisser, à l'aide de tiges verticales serrées contre l'age par des vis de pression, déterminent la profondeur du labour et donnent à la charrue une grande stabilité, SANS AUCUNE FATIGUE POUR LE LABOUREUR. Parfois, au lieu de deux roues, on n'en met qu'une seule qui suffit pour les labours superficiels ou les terres légères.

Entre les roues et le coutre, se trouve fixé sur l'age une rasette qu'on emploie pour les labours dans lesquels on veut enterrer le guéret; des étriers, faciles à manœuvrer, permettent de placer à la position convenable le coutre et la rasette; celle-ci peut être supprimée très-facilement ou élevée de manière à ne pas servir.

Le versoir est très-long, régulièrement contourné en hélice, de telle façon qu'on obtient UN SILLON TRÈS-PROPRE ET TRÈS-RÉGULIER; la bande de terre est retournée et couchée d'un seul bloc et comme lissée. Une chaîne traînante est employée pour bien enterrer le fumier ou les chaumes.

Les mancherons allongés offrent un bras de levier assez grand pour rendre très-facile la direction de l'instrument. Par ces diverses dispositions, toute la force des attelages est remarquablement utilisée, et on effectue les travaux de labour sans fatiguer inutilement les chevaux ou les bœufs.

CHARRUES HOWARD

PRIX :

CHARRUE Th. P. 1. — Petite charrue de la force d'**Un Cheval** pour sol léger et labours superficiels, versoir en acier et avant-train à une roue . . . .   85 fr.

—   **Th. P. 2.** — Un peu plus forte que la précédente, pour labours de 15 à 18 centimétres, versoir en acier . . . . 120 »

—   **Th. P. 3** — Pour labours de 15 à 22 centimètres, force de **Deux petits Chevaux**, avec versoir en acier.. 160 »

—   **Th. P. 4.** — Pour labours de 18 à 25 centimètres, assez légère pour **Deux Chevaux**, et assez forte pour **Quatre**, convient aussi bien pour terres légères et fortes, avec versoir en acier.. . . . . 172 »

--   **Th. P. 5.** — Pour labours de 25 à 28 centimètres, force de **Trois à Six Chevaux**, avec versoir en acier . . . . 180 »

RASETTES, en plus, 8 fr. — **CHAINES A FUMIER**, 2 fr. 50 — **PLAQUES DE COTÉ** en Acier, en plus, 3 fr. — **SOCS DE RECHANGE**, 1 fr. 75 et 2 fr. 50.

La **Charrue 1** peut se transformer en Buttoir et les **Charrues 2, 3, 4 et 5**, en Buttoirs, Charrues sous-sol et Charrues arrache-pommes de terre, en y adaptant les pièces nécessaires.

CHARRUE DÉFONCEUSE & POUR LABOURS PROFONDS

Cette Charrue a été spécialement construite pour des labours profonds (jusqu'à 40 centimètres). Elle diffère des charrues ordinaires de Howard par plus de force et plus de hauteur de l'age au-dessus du soc, en même temps que plus de hauteur du versoir. Elle est munie d'un avant-train dans lequel les deux roues peuvent s'écarter à volonté, et se relever plus ou moins, pour régler la profondeur et la largeur du sillon. Lorsqu'on arrive au bout du champ, on fait basculer l'instrument sur le côté opposé au versoir.

PRIX : CHARRUE Th. P. 6, avec versoir en acier. 290 fr.

TRAINEAUX

Il est défendu de faire le transport des charrues sur un grand nombre de routes, à moins de les placer sur des chariots ou des traîneaux. D'ailleurs, l'usage de ces engins a pour résultat d'empêcher la casse et l'usure des socs ou des sabots. Un petit traîneau à deux roues et à un crochet que l'on place sous le corps de la charrue est ce qu'il y a de plus simple et de plus économique à employer.

PRIX . . . . 20 fr.

CHARRUES ARRACHE-POMMES DE TERRE
ET ARRACHE-BETTERAVES

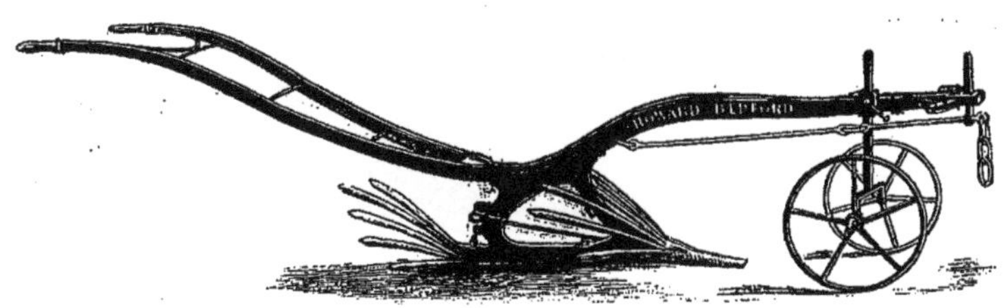

En enlevant les versoirs au Buttoir de Howard et en y adaptant un soc muni de tiges en fer formant une sorte de cône à claire-voie à partir du soc et en avant de l'étançon, et en plaçant un autre éventail à l'extrémité du sep, on obtient une charrue très-utile pour l'arrachage des pommes de terre. Les tubercules se présentent nettoyés à la surface du sol après le passage de l'instrument. Pour arracher les betteraves, on attache à l'age un corps de charrue dont le portail est plus droit, et qui n'a qu'un seul soc, sans versoir.

PRIX :

CHARRUE	pour arracher les betteraves, simple, à deux roues.			110 fr.
—	—	les pommes de terre, simple, à 2 roues.		130 »
—	—	—	double, — (*comme la gravure ci-dessus*)	155 »
CORPS ARRACHE-POMMES	pour adapter au	Th. P. 2.		80 »
—	—	—	Th. P. 4 ou 7.	88 »
—	—	—	Th. P. 5 ou 8.	93 »
CORPS ARRACHE-BETTERAVES	—	Th. P. 2.		35 »
—	—	—	Th. P. 4 ou 7.	35 »
—	—	—	Th. P. 5 ou 8.	35 »

CHARRUES SOUS-SOL HOWARD

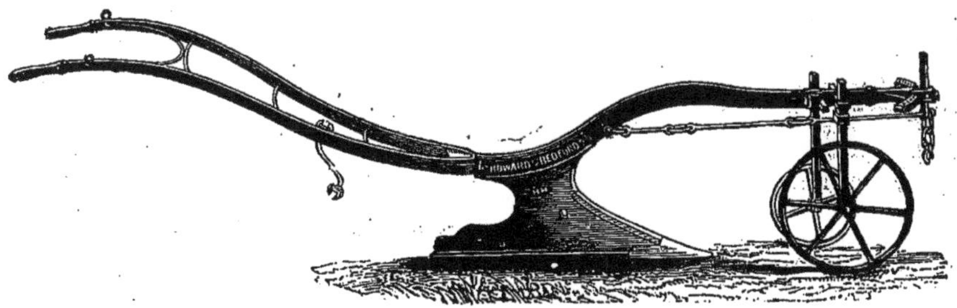

PRIX :

CHARRUE SOUS-SOL SIMPLE,	montée comme ci-dessus.	140 fr.
	Corps sous-sol pris séparément s'adaptant aux charrues et buttoirs	40 »
—	SOUS-SOL DOUBLE,	220 »

BUTTOIRS HOWARD

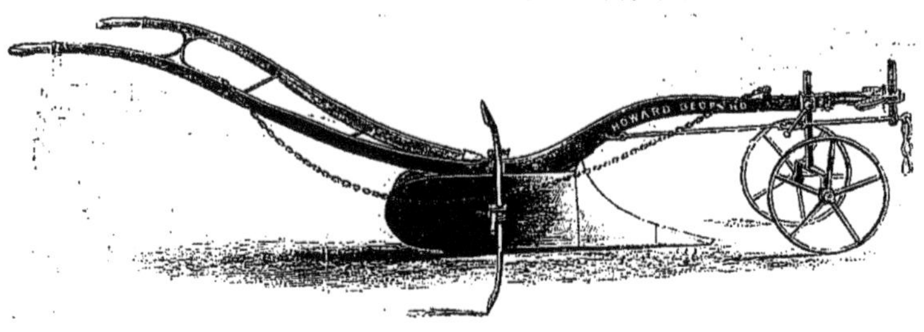

Les charrues Howard peuvent facilement se prêter à se transformer en plusieurs instruments de culture extrêmement utiles. Leurs dispositions sont telles qu'on peut obtenir, toujours avec le même age, le même avant-train ou un avant-train spécial et le même régulateur, des appareils excellents pour former des billons destinés à la culture des betteraves ou des pommes de terre. C'est un ensemble d'un soc et de deux versoirs qui se trouve fixé sous l'age et sur le sep et les étançons d'une charrue ordinaire. Les deux versoirs peuvent s'écarter ou se rapprocher à volonté pour faire un sillon plus ou moins profond et élever plus ou moins le billon. Un rayonneur peut être attaché par une barre et une chaîne à l'instrument, pour marquer sur le sol la direction à suivre pour former un nouveau billon parallèle à celui d'abord obtenu. On fait basculer ce rayonneur de manière à le faire fonctionner soit à droite soit à gauche du Buttoir.

PRIX :

BUTTOIR Th. P. 1 — Petit modèle, avec une roue et versoirs en acier (de la force d'un cheval).   105 fr.

—   Th. P. 2 — Avec deux roues et versoirs en acier (de la force de deux petits chevaux).   125 »

—   Th. P. 7 — Avec deux roues et versoirs en acier (de la force de deux à quatre chevaux).   145 »

—   Th. P. 8 — Avec deux roues et versoirs en acier (de la force de trois à six chevaux).   170 »

RAYONNEUR pour régler la largeur des billons. . . . .   14 »

CORPS DE HOUE, 18 fr. — Avant-train à une roue. 8 fr. 50 — Avant-train à deux roues, 28 fr.

Socs de rechange, de 1 fr. 75 à 2 fr. 50.

CORPS DE BUTTOIR

Corps de Houe.

CORPS DE BUTTOIR, Th. P. 1 — Versoirs en acier. 34 fr.

—   —   Th. P. 2   —   47 »

—   —   Th. P. 4 ou 7. Versoirs en acier. 52 »

—   —   Th. P. 5 ou 8.   —   60 »

Corps de Buttoir.

Si le buttage des plantes qui ont besoin d'un grand volume de terre pour étendre leurs radicelles et puiser leur nourriture est une opération utile, il n'est pas moins avantageux de pouvoir enlever ou détruire par l'arrachage les mauvaises herbes qui étoufferaient les jeunes plantes et épuiseraient le sol. On obtient ce résultat par l'emploi des houes. On a une excellente houe à cheval en retirant les corps des doubles versoirs du buttoir Howard et en les remplaçant par le corps de houe qui se fixe sur l'instrument avec une grande facilité, un peu en arrière de la pointe, et l'on exécute en même temps un binage.

NOUVELLES CHARRUES POLYSOCS

CHARRUES A DEUX ET A TROIS SOCS

PPLIQUER plusieurs corps de charrue sur un même bâti, pour que le tout, tiré par un seul attelage d'un nombre de chevaux convenable, puisse tracer à la fois plusieurs sillons, est une idée déjà ancienne, mais elle n'a été réalisée qu'assez récemment par de bons instruments, parmi lesquels il convient de placer en première ligne ceux de Howard. Les chatrues ainsi fabriquées sont souvent appelées BISOCS, lorsqu'elles ont deux socs de charrue et font à la fois deux sillons; TRISOCS, lorsqu'elles présentent trois socs, etc. Elles sont surtout employées pour les DÉCHAUMAGES et les LABOURS EN TERRES LÉGÈRES ou déjà bien ameublies; on s'en sert particulièrement pour les SECONDS LABOURS destinés à enterrer les herbes récemment repoussées après des pluies et avant de faire les semailles.

Une charrue bisocs fait en général, avec trois chevaux, le même travail que deux charrues simples conduites chacune par deux chevaux, et il ne faut qu'un seul laboureur; il y a dans l'emploi d'un tel instrument UNE ÉCONOMIE D'UN HOMME ET D'UN CHEVAL. L'économie est plus grande avec une charrue à trois socs.

Un avantage de même nature se retrouve dans la dépense d'achat, comme on peut le voir par les prix de ces instruments donnés ci-dessous.

Avec la charrue à trois socs, un homme et deux paires de bœufs ou quatre chevaux, labourent au moins un hectare et demi par journée de dix heures, à la profondeur de 15 à 17 centimètres.

Le maniement des charrues à deux et à trois socs diffère de celui des charrues de construction ordinaire en ce que la stabilité étant très-grande, le laboureur n'éprouve aucune fatigue.

Les explications données ci-contre pour les charrues à quatre socs, sont complétement applicables à celles à deux et à trois socs, et elles montrent les avantages de ces instrumentsde plus en plus employés par les agriculteurs progressistes.

PRIX:

CHARRUES à 2 SOCS avec corps malléable, versoirs en acier et roues en fer . . . . 315 fr.
— 3 — — — — . . . . . 385 »
SOC en fonte trempée 2 25
— en fer aciéré 12 50
RÉGULATEUR de traction à vis . . . . 15 »

CHARRUES A QUATRE SOCS

Les charrues à quatre socs ou plus généralemeut polysocs de Howard sont entre toutes recommandables par leur solidité, leur légèreté relative et **LA FACILITÉ AVEC LAQUELLE ELLES SE RÈGLENT ET SE MANŒU-VRENT.** Le bâti en fer qui porte les corps de charrue a la forme d'un triangle, il est placé sur un essieu deux fois coudé, sur lequel sont montées deux roues de diamètres inégaux; à la base du triangle se trouve une troisième roue qui sert à guider l'instrument en roulant dans la dernière raie du tour précédent. Un levier placé sous la main du laboureur et armé d'une tringle à ressort terminée par une dent qui s'engage dans les crans d'un arc en fer, permet **DE SOULEVER TOUS LES SOCS À LA FOIS**, lorsqu'on arrive à l'extrémité du sillon, et ensuite de les faire piquer pour un nouveau tour. On règle l'entrure à la fois au moyen de ce même levier, d'une vis d'appel et de la barre d'attelage placée à l'avant.

Les coutres sont attachés par des étriers américains, et on peut les remplacer par des disques pour l'enfouissement des fumiers longs et des grandes herbes, ou pour fonctionner dans des terrains très-gazonnés.

Avec une charrue à quatre socs, un homme et trois paires de bœufs **FONT DEUX HECTARES PAR JOUR.**

Cet instrument est un intermédiaire entre les charrues ordinaires et les charrues à vapeur, à cause des grandes surfaces qu'il peut labourer.

Les charrues à vapeur sont à six ou à huit socs.

PRIX:

CHARRUES A 4 SOCS, avec corps malléable, versoirs en acier et roues en fer. . . . . 460 fr.
SOCS EN FONTE TREMPÉE. 2 25
   —   EN FER ACIÉRÉ 12 50
RÉGULATEUR DE TRACTION A VIS. , , ... , ... , ... 15 »

Nota. — Ces charrues sont livrées avec des socs en fonte trempée. Mais pour celles qui sont destinées à travailler dans des terrains caillouteux ou compacts, il est préférable de se servir de socs en fer aciéré, qui peuvent se rebattre et s'aiguiser facilement.

CULTIVATEURS & EXTIRPATEURS COLEMAN

ES divers instruments doivent être réunis sous un même titre, quoiqu'ils se transforment le plus souvent les uns dans les autres, ou même en simples herses ou en charrues fouilleuses, par un simple changement des pièces dont leurs pieds sont armés.

Les cultivateurs ou scarificateurs sont destinés à fonctionner dans UN SOL DURCI QU'ILS DOIVENT AMEUBLIR, pour le rendre propre à être pénétré par l'air atmosphérique, mais sans retourner la terre sens dessus dessous.

Les meilleurs cultivateurs connus sont ceux de Coleman. Les plus petits sont à cinq pieds et à un seul levier; ceux pour terrains très-forts, à sept pieds et à trois leviers.

Un fort bâti est supporté par trois roues, une en avant et deux en arrière. Un long levier central, qui peut être arrêté en diverses positions au moyen d'une goupille, à différents degrés d'un arc de cercle dans lequel il se meut, permet de régler l'entrure des pieds articulés, de manière à les soulever ou à les abaisser en s'appuyant sur le bâti. Pour cela, le levier central fait tourner un cylindre armé d'oreilles qui agissent sur autant de bielles qu'il y a de dents, et font pivoter les dents pour les faire monter ou descendre.

En abaissant le levier central, on remonte tous les pieds, et ON PEUT FACILEMENT TOURNER AUX EXTRÉMITÉS DU CHAMP. En abandonnant le levier peu à peu, on fait descendre tout le système et on règle l'entrure.

Ce dernier résultat est encore facilité dans les cultivateurs Coleman, munis de leviers de côté et destinés aux terrains accidentés

Ces leviers de côté portant sur l'axe même des roues latérales, permettent de régler l'inclinaison de l'instrument; il suffit aux conducteurs d'arrêter les leviers au point convenable de l'arc de cercle dans lequel ils sont mobiles. Le régulateur fixé sur l'axe de la roue d'avant donne le moyen de disposer la ligne de traction de telle sorte, QU'ELLE SOIT DANS LA DIRECTION MÊME DE LA RÉSISTANCE, sans qu'il en résulte une trop forte pression sur le sol, ce qui ménage l'attelage dont la puissance est mieux utilisée.

Par un simple dérangement de socs, le cultivateur devient un extirpateur, c'est-à-dire un instrument destiné à détruire et à arracher les mauvaises herbes, tout en achevant l'émiettement d'une terre déjà ameublie par des cultures antérieures.

Avec les cultivateurs ou les extirpateurs, on peut labourer de 1 hectare à 4 hectares par jour. Cet instrument est un de ceux qui rendent le plus de services à l'agriculture, comme le démontre le grand emploi des cultivateurs Coleman en Angleterre.

CULTIVATEURS ORDINAIRES

PRIX :

Th. P. 4 — CULTIVATEUR pour terrain léger. Force de 2 à 3 chevaux, avec 5 tiges. Largeur, 1ᵐ,10, corps en fer forgé. Poids, 220 kil. . . . 240 fr.

Th. P. 5 pour terrain léger. Force de 2 à 3 chevaux, avec 5 tiges. Largeur, 1ᵐ,10, plus fort que le Nᵒ 4. Poids, 250 kil. 280 »

Th. P. 6 — pour terrain fort. Force 3 chevaux, avec 5 tiges. Largeur, 1ᵐ,10, plus fort que le Nᵒ 5. Poids, 275 kil. . 300 »

Th. P. 8 — pour terrain fort. Force de 4 chevaux, avec 7 tiges. Largeur, 1ᵐ,10, plus fort que le Nᵒ 6. Poids, 310 kil. . 410 »

CULTIVATEURS AVEC LEVIERS DE COTÉ

PRIX :

Th. P. 7 — CULTIVATEUR pour terrain fort. Force de 3 chevaux, à 5 tiges. Largeur, 1ᵐ,10. Poids, 300 kil. . . . . 350 fr.

Th. P. 9 — à 4 chevaux, à 7 tiges. Largeur, 1ᵐ,40. Poids, 440 kil. . . . 480 »

Th. P. 7A. Le même que le Nᵒ 7, mais avec tiges pour suivre les roues. Largeur, 1ᵐ,10. Force, 4 chevaux. Poids, 380 kil. . . . . 380 »

Th. P. 9A. — Nᵒ 9, mais avec tiges pour suivre les roues. Largeur, 1ᵐ,40. Force, 4 à 6 chevaux. Poids, 510 kil. . . . . 530 »

DIVERSES SORTES DE SOCS POUR CULTIVATEURS

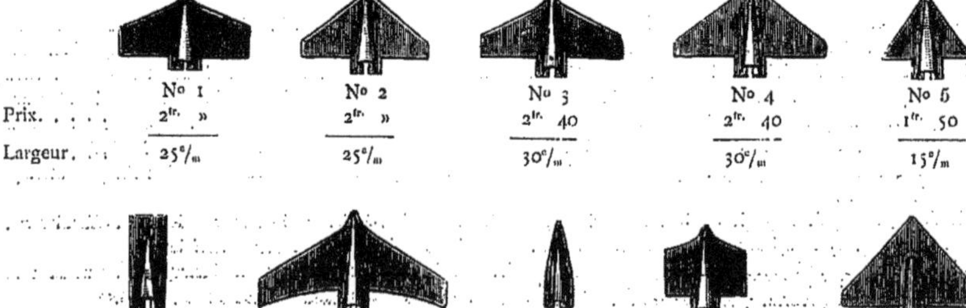

HERSES HOWARD

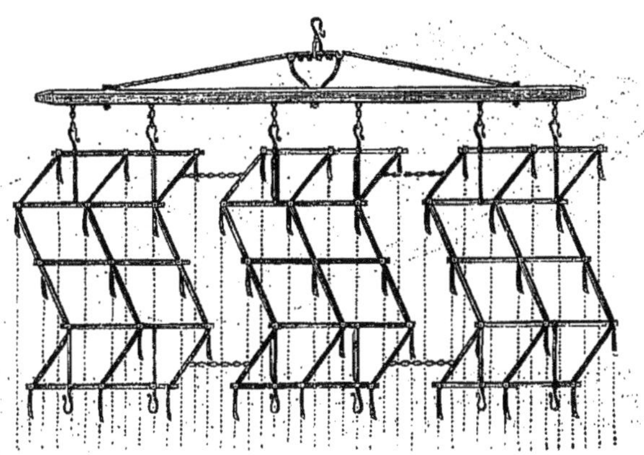

E but que l'agriculteur veut atteindre en employant les herses est multiple :

1º ÉMIETTER LA TERRE PRÉALABLEMENT LABOURÉE pour avoir une certaine épaisseur de sol bien meuble et bien aérée, et ainsi susceptible de recevoir, dans les meilleures conditions, les graines de semence;

2º RECOUVRIR LES SEMENCES semées à la volée ou déposées sur le sol pour certains modes de plantation ;

3º ENLEVER ET RAMASSER LES MAUVAISES HERBES, telles que le chiendent, déjà détachées du sol par des labours;

4º OUVRIR LES PORES DE LA TERRE pour certaines récoltes sur pied, telles que céréales, luzernes, prairies.

Les diverses herses Howard sont considérées, par l'unanimité des praticiens comme remplissant à un haut degré toutes ces conditions. Construites en fer, elles ont toute la légèreté ou tout le poids exigés selon les cas, et elles présentent UNE GRANDE SUPÉRIORITÉ SUR LES HERSES EN BOIS, au point de vue de la solidité et de la perfection du travail, sans être jamais cotées à des prix très-élevés, eu égard surtout à la quantité de travail obtenu; en outre, elles s'usent bien moins rapidement, et elles peuvent servir dans des sols et au milieu de circonstances météorologiques ou naturelles, où les herses en bois ne produisent pour ainsi dire aucun effet.

Les herses de Howard sont complétement en fer. Le système le plus ordinaire se compose de barres longitudinales en zigzag de longueur égale, deux fois coudées en sens contraire et réunies entre elles par des barres transversales. Aux jointures des barres sont vissées des dents que l'on serre fortement à l'aide d'écrous. Le tout devient ainsi d'une rigidité complète. Les dents sont espacées de manière à tracer leurs raies à des intervalles égaux et bien parallèlement ; aucune partie du sol hersé ne se trouve ainsi à l'abri de leur action. On attache trois herses semblables, au moyen de deux crochets à demeure, à la longue balance de la volée d'attelage qui les traîne, sans qu'elles puissent chevaucher les unes sur les autres; les trois herses sont d'ailleurs réunies par des chaînes vers leurs extrémités opposées. Des crochets placés à l'arrière permettent de les tirer en reculant, c'est ce que l'on fait pour herser les semailles ou les récoltes en terre au printemps ; les dents pénètrent ainsi moins profondément dans le sol.

HERSES HOWARD ORDINAIRES

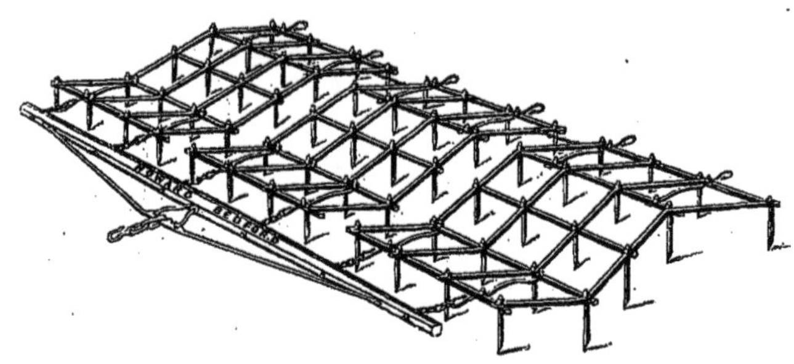

Une herse ordinaire de Howard ameublit une surface de 2 à 3 mètres de largeur, à l'aide de 60 dents qui tracent leurs raies à 5 centimètres de distance l'une de l'autre ; on attelle un, deux ou trois chevaux, selon les terrains et la force de l'instrument. Plus de 90,000 herses de ce système ont été vendues ; elles s'adaptent à toutes espèces de hersages.

PRIX :

JEUX DE TROIS HERSES A QUATRE FLÈCHES

UN JEU, Th. P. 8 — De la force d'un cheval, pour terrains légers. Largeur, 2m,15. Poids moyen, 40 kil. . . . . 80 fr.

— Th. P. 9 — De la force d'un cheval, pour le hersage des semailles et des cultures en terre au printemps, et pour toutes fins dans les terrains légers. Largeur, 2m,30. Poids, 50 kil. . . . . 90 »

— Th. P. 14 — Léger, pour 2 chevaux, pour hersage des semailles et terres sablonneuses. Largeur, 2m,60. Poids, 65 kil. . . . . 105 »

— Th. P. 12 — Pour 2 chevaux, un peu plus lourd que le N° 14. Se recommande pour les semailles. Largeur, 3 mètres. Poids, 90 kil. . . 125 »

— Th. P. 11 — Pour 3 chevaux, plus fort que le N° 12. Largeur, 3m,10. Poids, 112 kil. . . . . 145 »

HERSES A SIX RANGS DE DENTS

UN JEU, Th. P. 15 — Léger, pour 2 chevaux. Largeur, 2m,60. Poids, 75 kil . . . . . . 116 »

— Th. P. 13 — Pour 2 chevaux. Largeur, 2m,94. Poids, 100 kil. . . . . 140 »

— Th. P. 10 — Très-solide, pour 3 chevaux. Largeur, 3m,25. Poids, 140 kil.. . 175 »

JEUX DE TROIS HERSES A TROIS FLÈCHES

UN JEU, Th. P. 11 — Même force que le N° 11, à 4 flèches, force de 2 chevaux. Largeur, 2m,30. Poids, 90 kil. 125 »

JEUX DE QUATRE HERSES A TROIS FLÈCHES

UN JEU, Th. P. 10 — Même force que le N° 10, à 4 flèches, force de 3 chevaux. Largeur, 3m,25. Poids, 140 kil . . . . 180 »

HERSES LOURDES

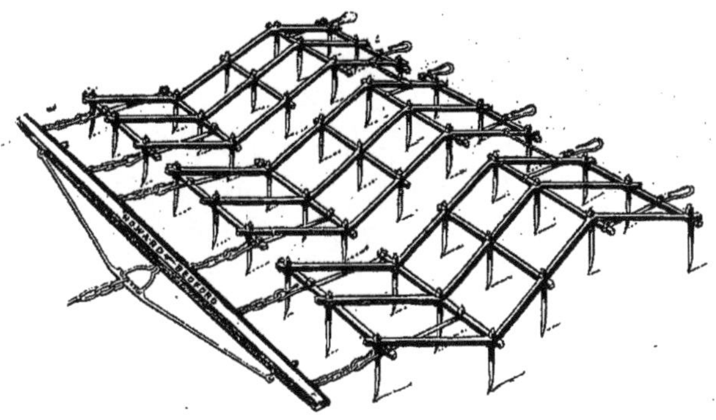

Ces herses sont construites sur le même modèle que les précédentes, mais avec des dents plus fortes et plus longues. On les emploie de préférence dans les terrains lourds et compacts; dans certains cas, elles remplacent avantageusement le scarificateur.

PRIX :

Th. P. 18. JEU de 3 herses à 3 flèches. Larg., 2m,75. Poids, 115k. Avec dents de 23c de long.   165 fr.
Th. P. 17.   —   3 — 3 — —   3m,15 — 160   —   25   . 225 »
Th. P. 16.   —   2 — 3 — —   2m,30 — 140   —   30   . 190 »

HERSES A CHAINES

Les herses à chaînes conviennent aux terrains très-meubles ou pour passer après une autre herse pour émietter la terre et donner au travail la dernière façon.

PRIX :

Th. P. A. Une herse. Largeur, 1m,50. Longueur, 2m,25. . . . .   75 fr.
Th. P. B.   —   —   1m,80.   —   2m,25. . . . .   90 »
Th. P. C.   —   —   2m,25.   —   2m,25. . . . . 105 »
Th. P. D.   —   —   2m,40.   —   2m,25. . . . . 110 »

HERSES A CHAINONS HOWARD

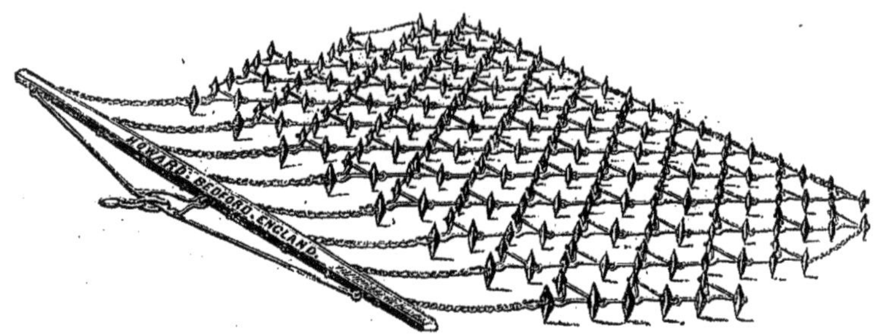

Les herses à chaînons Howard sont les meilleures parmi toutes les herses à chaînes connues jusqu'à ce jour ; elles donnent un travail beaucoup plus efficace. Elles se composent d'une série de **FILS EN ACIER** disposés en zigzag, auxquels sont soudés des dents triangulaires qui sont plus longues d'un côté que de l'autre, et arrondies par derrière. Le terrain est ainsi soumis à l'action des dents qui entrent plus ou moins, selon que l'on traîne la herse dans un sens ou dans l'autre. La herse peut, d'ailleurs, être retournée pour agir successivement par les deux faces. C'est un excellent instrument pour travailler les récoltes en terre et pour enlever les mousses dans les prairies.

PRIX :

Th. P. 1 W, Une herse à 1 cheval. Largeur, 1m,85. Poids, 50 kil. . . . . 80 fr.
Th. P. 2W. — 2 chevaux. — 2m,40. — 80 — . . . . 130 »
Th. P. 3W. — 3 — — 3m,60. — 120 — . . . . 170 »

PALONNIERS

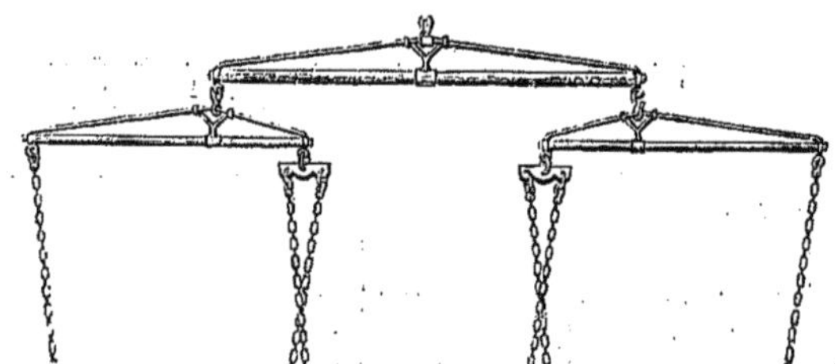

Pour bien amener la résultante de traction des animaux sur le crochet de la volée d'attelage, on ne saurait employer de meilleurs palonniers que ceux du système Howard. Ils sont construits en fer creux et se recommandent par leur grande solidité et leur extrême légèreté. Ils ne peuvent jamais se déranger, et, comme le montre le dessin, le charretier peut toujours parfaitement égaliser la traction.

PRIX :

En fer creux, pour 2 chevaux . . . . 28 fr.
— — — 3 — . . . . 36 »
— — — 4 — . . . . 90 »

HERSES A LEVIER

LES HERSES A LEVIER sont des instruments intermédiaires entre les herses lourdes ordinaires et les scarificateurs; elles se rapprochent beaucoup par leurs principales dispositions de ces derniers appareils.

Le bâti sur lequel sont placées les dents est porté par deux roues montées sur un essieu coudé qui s'élève au-dessus, et par une troisième roue qui est en avant près de la chaîne de tirage. Un levier que le laboureur manœuvre en le relevant ou en l'abaissant PERMET DE RÉGLER L'ENTRURE ou même de faire sortir entièrement l'instrument hors de terre. Contre le levier se trouve une poignée qui permet d'agir sur un ressort portant une espèce de verrou que le laboureur fait entrer dans tel cran qui lui convient d'une sorte de crémaillère courbée en arc de cercle, le long de laquelle descend ou monte le levier qui se trouve ainsi arrêté à la place choisie pour la profondeur du travail de labour. LE RÉGLEMENT DE L'ENTRURE PEUT AINSI SE FAIRE MÊME PENDANT LA MARCHE. Sur le levier, sont agencées d'ailleurs des tringles à genouillères qui se trouvent attachées à la barre de tirage de laquelle part la chaîne d'attelage. Grâce à ces tringles, on déterre très-facilement la herse; les animaux en marchant opèrent eux-mêmes le déterrage, le laboureur ne faisant que diriger le travail en abaissant le levier.

PRIX :

Th. P. 2. Une herse de 18 dents. Largeur, 1ᵐ,35. Poids. 175 kil. . . . . 265 fr.
Th. P. 3.   —   25   —   —   1ᵐ,65 —   205 —   . . . . 300 »
Th. P. 4,   —   25   —   —   2ᵐ,25 —   275 —   . . . . 345 »

ROULEAUX

 ES rouleaux sont employés dans des circonstances différentes :

1º POUR BRISER LES MOTTES dans les terres consistantes, que n'émietteraient pas suffisamment les herses, les gelées et les intermittences de soleil et de pluie ;

2º POUR TASSER LA TERRE SUR LES SEMENCES et faciliter leur germination en entretenant l'humidité qui serait enlevée dans les terres trop ameublies à la surface ;

3º POUR RECHAUSSER LES RÉCOLTES EN TERRE après l'hiver et empêcher l'action trop vive du hâle, affermir le pied des plantes et empêcher la verse.

ROULEAUX CROSSKILL

Les rouleaux Crosskill sont justement regardés comme un des instruments qui rendent le plus de services dans les cultures intensives. Leur emploi a fait faire de grands progrès à l'agriculture perfectionnée, dans laquelle la terre est toujours mise en demeure de produire.

Ils sont essentiellement composés de disques dentés en fonte, indépendants les uns des autres, alternativement grands et petits, placés sur le même essieu, mais pouvant y monter ou y descendre verticalement. Les disques peuvent ainsi se modeler, en quelque sorte, sur la forme du terrain, grimper sur les mottes et les écraser, ou aller les chercher dans un fond. Ils se nettoient les uns les autres dans ces mouvements multiples.

Pour aller dans les champs et rouler sur les chemins et les routes, il faut faire porter les rouleaux Crosskill sur des roues d'un plus grand diamètre. Quand on arrive sur les champs, on enlève les roues.

Cet instrument donne d'excellents résultats dans beaucoup de circonstances :

1º Pour rouler les graines aussitôt semées dans les terres légères et avant de herser dans les terrains forts où il se présente beaucoup de mottes ;

2º Pour rouler les blés au printemps dans les terres légères après la gelée ;

3º Pour briser les mottes et détruire les vers ;

4º Pour rouler les prairies en automne et dans l'hiver ou au printemps, quand la plante commence à lever ;

5º Pour les terrassements.

PRIX :

Diamètre, 61c/m Longueur, 1m,53. Poids, 830 kil. . . . . 700 fr.
   — 76 »   —   1m,53   —   930 — . . . . 800 »
   — 61 »   —   1m,83   —   880 — . . . . 820 »
   — 76 »   —   1m,83   —   1130 — . . . . 930 »

Ces rouleaux sont munis de roues de transport et de siége pour le conducteur.

ROULEAUX SE REMPLISSANT D'EAU

Dans les terres fortes, il faut des rouleaux très-lourds ; on augmente souvent le poids des rouleaux ordinaires en plaçant sur le bâti des charges de pierres. Un moyen très-simple d'arriver au même résultat est d'employer des rouleaux susceptibles de se remplir d'eau. Les cylindres et le bâti de cet instrument sont entièrement en fer forgé ; par conséquent, ils ne sont pas sujets à la casse dans les mauvais chemins. Ils sont meilleur marché que tout autre système, car il faut acheter deux ou trois instruments différents pour obtenir les mêmes résultats qu'avec un de ceux-ci, dont le poids peut se doubler à volonté, en remplissant d'eau le cylindre. Le poids augmenté agit directement sur la surface du sol, sans accroître le frottement sur les coussinets, et par conséquent le tirage de l'instrument, ce qui a lieu dans le procédé ordinaire.

PRIX :

Longueur, 0m,75. Diamètre, 0m,75. Vide, 300 kil. Plein, 650 kil. . . . . 520 fr.
   —   0m,90   —   0m,90 — 375 —   — 850 — . . . . 680 »
   —   1m,05   —   1m,05 — 500 —   — 1,200 — . . . . 920 »

ROULEAUX BRISE-MOTTES

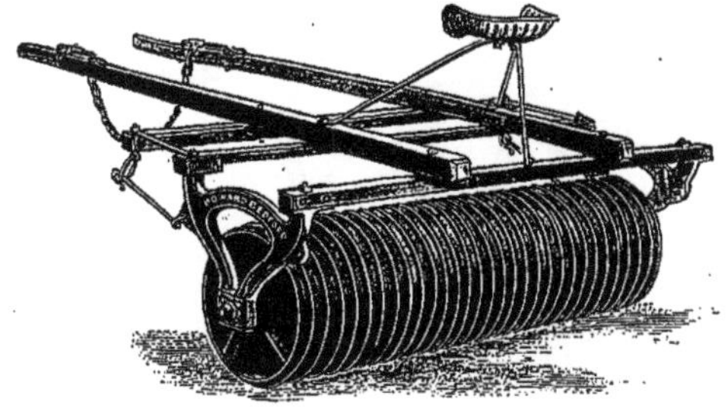

Pour briser les mottes, on se sert depuis longtemps de rouleaux dits squelettes ou à mottes ; parmi les meilleurs de ce genre, se place le nouveau rouleau brise-mottes, qui se compose d'une série de disques en fonte, en nombre plus ou moins considérable ; mais tous placés sur un même axe, autour duquel ils tournent indépendamment les uns des autres, un jeu convenable existant entre eux. Des décrottoirs sont placés de manière à nettoyer chaque disque, ce qui est surtout indispensable dans les terres collantes, et lorsqu'on désire ne pas arrêter de travailler si une averse survient.

PRIX :

Avec disques indépendants. Longueur, 2m, » Diamètre, 41c/m . . . . 400 fr.
  —   —   —   —   —   52 » . . . . 450 »
  —   —   —   —   —   61 » . . . . 520 »
  —   —   —   2m,15   —   41 » . . . . 430 »
  —   —   —   —   —   » . . . . 480 »
  —   —   —   —   61 » . . . . 560 »

Siége, en plus, 35 francs. — Décrottoirs, en plus, 35 francs.

2

ROULEAUX UNIS EN FER

Ces rouleaux, entièrement construits en forte tôle de fer, réunissent la force et la durée & ils ne sont pas sujets à se casser sur les pavés ou dans les mauvais chemins, comme il arrive trop souvent aux rouleaux en fonte.

PRIX :

Longueur, 1m,80. Diamètre, 0m,50c/m. Poids, 340 kil. . . . . 325 fr.

     —   1m,80   —   »   60 »   —   390 — . . . . 360 »

     —   1m,80   —   »   75 »   —   550 — . . . . 470 »

     —   1m,80   —   »   83 »   —   600 — . . . . 490 »

     —   1m,80   —   1m,22 »   —   750 — . . . . 590 »

     —   2m,10   —   »   50 »   —   365 — . . . . 360 »

     —   2m,10   —   »   60 »   —   425 — . . . . 470 »

Siége, en plus, 20 francs.

TOMBEREAUX A PURIN

L'emploi direct du purin sur les terres en labour, sur les récoltes récemment ensemencées et particulièrement sur les herbages, après une coupe, est de plus en plus fréquent ; il donne les meilleurs résultats. On l'effectue par des tombereaux, parmi lesquels on doit recommander celui qui est représenté par la figure ci-dessus.

La caisse en tôle de cet instrument est disposée de manière à ne jamais faire varier la charge, même dans de fortes côtes, par rapport au cheval placé entre les brancards. Une pompe d'aspiration, avec tuyaux en caoutchouc, s'y adapte à volonté pour rendre le remplissage facile. En outre, un distributeur muni d'une vanne pour régler l'affluence du liquide, permet de faire un épandage très-régulier.

PRIX:

Th. P. 1. Contenance, 450 litres. Poids, 480 kil. . . . . 440 fr.

         Pompe avec 3m,60 de tuyaux. . . . . 135 »

Th. P. 2. Contenance, 850 litres. Poids, 700 kil. . . . . 560 »

         Pompe avec 3,m60 de tuyaux. . . . . 165 »

         Distributeur en plus. . . . . 50 »

SEMOIRS GARRETT

E la manière dont les graines sont placées dans la terre dépend en très-grande partie le succès des récoltes. Longtemps les semailles ont été faites au hasard, et l'on jetait à la volée sur le sol ameubli une plus grande quantité de graines qu'il ne fallait obtenir de plantes, afin de pourvoir aux déchets produits par les semences restées à la surface ou mangées par les oiseaux.

Depuis un siècle, on a cherché à suppléer par des instruments à l'insuffisance d'un tel mode de semis mal corrigé par l'emploi successif du hersage et du roulage. Le problème était difficile à résoudre. LES SEMOIRS QUI L'ONT LE MIEUX RÉSOLU SONT CEUX DU SYSTÈME GARRETT; ils s'adaptent avec une extrême perfection à tous les terrains et à tous les genres de cultures. Avec ces instruments, chaque graine est déposée exactement à la profondeur et aux distances désirées sans qu'il y ait de perte. La grande mobilité des conduits qui portent la semence à sa place a pour effet DE SUIVRE TOUTES LES SINUOSITÉS DE LA TERRE et de faire un semis régulier même sur un sol irrégulier. Les lignes sont parfaitement parallèles et on en règle la distance par un changement très-facile dans le nombre et l'écartement des tubes conducteurs. Les socs sont élevés ou abaissés par un système de chaînes qui s'enroulent sur un treuil; des poids plus ou moins lourds assurent l'entrure dans le sol préparé. Les cuillers distributives puisent les semences pour les jeter dans les tubes conducteurs avec une vitesse qui se règle par des jeux d'engrenages calculés pour des semailles plus ou moins épaisses. En un mot, toutes les mesures ont été prises au moyen des COMBINAISONS ÉCONOMIQUES LES PLUS HEUREUSES, pour que chaque graine féconde soit déposée en terre de manière à germer dans les meilleures conditions et à produire des plantes robustes. Les grosses graines comme les plus fines peuvent être semées par les semoirs au moyen d'organes spéciaux faciles à poser. Les pièces de rechange peuvent être facilement agencées, et tout est construit avec une solidité exemplaire. Malgré une complication apparente de la machine, tout laboureur s'en sert très-vite avec succès de manière à devenir un excellent semeur. Enfin, par l'économie de semence et l'excédant de récolte assuré, ON A BIENTOT RETROUVÉ LA DÉPENSE D'ACHAT d'un des instruments les plus utiles de l'agriculture perfectionnée.

PRIX :

SEMOIR à 7 rangs. Largeur, 1m,22. Diamètre des roues, 1m23 . . . . 500 fr.
— 9 — — 1m,52 — — — . . . . 675 »
— 10 — — 1m,68 — — — . . . . 710 »
— 11 — — 1m,83 — — — . . . . 735 »
— 12 — — 2m,00 — — — . . . . 760 »
— 10 — — 1m,68 — — 1m43 . . . . 790 »
— 11 — — 1m,83 — — — . . . . 840 »
— 12 — — 2m,00 — — — . . . . 870 »
— 13 — — 2m,13 — — — . . . . 920 »
— 14 — — 2m,30 — — — . . . . 950 »
— 15 — — 2m,45 — — — . . . . 1,000 »
— 16 — — 2m,60 — — — . . . . 1,030 »
— 17 — — 2m,73 — — — . . . . 1,080 »
— 18 — — 2m,85 — — — . . . . 1,110 »
— 19 — — 3m,00 — — — . . . . 1,160 »
— 20 — — 3m,12 — — — . . . . 1,190 »
AVANT-TRAIN, jusqu'à 9 rangs . . . . 135 »
— au-dessus de 9 rangs . . . . 150 »
CYLINDRE, à petites graines, par double rang 8 50
LEVIER SPÉCIAL, avec soc et rouleau à betteraves. . . . . 60 »
APPAREIL pour semer le trèfle à la volée, par rang . . . . 11 »

SEMOIRS A GRAINES ET A ENGRAIS

En plaçant l'une à côté de l'autre deux caisses, l'une pour recevoir de l'engrais pulvérulent, l'autre pour contenir de la graine, on peut arriver à semer à la fois de la graine et de l'engrais qui tombent dans les mêmes tubes conducteurs et arrivent aux mêmes socs.

Les prix de ces semoirs à double caisse et double distributeur sont les suivants :

SEMOIRS à 10 rangs. Largeur, 1m,68. 1,845 fr.   SEMOIRS à 14 rangs. Largeur. 2m,30. 1,595 fr.
— 11 — — 1m,83. 1,420 »   — 15 — — 2m,45. 1,655 »
— 12 — — 2m, ». 1,475 »   — 16 — — 2m,60. 1,715 »
— 13 — — 2m,13. 1,545 »   Avant-train. . . . . 150 »

LEVIERS & SOCS spéciaux à betteraves, la pièce, 60 francs.

Les semoirs à double effet sont un peu compliqués et ils ne présentent qu'une faible économie sur le prix des deux instruments séparés ; aussi, doit-on plutôt conseiller aux agriculteurs d'avoir à la fois des semoirs spéciaux pour graines et des semoirs à engrais.

SEMOIRS A LA VOLÉE

Ce nouveau semoir, construit également par Garrett, est préféré dans certains pays où la nature collante des terrains ne permettrait pas l'emploi du semoir en lignes. Il répand la semence comme le ferait le semeur le plus habile, avec cet avantage que la répartition est bien plus égale et ne peut être contrariée par les variations atmosphériques.

PRIX :

SEMOIR. Largeur, 2m,50 pour 1 cheval. . . . . 480 fr.
— — 3m,00 — . . . . 510 »
— — 3m,60 — . . . . 540 »
Timon et palonniers pour deux chevaux, en plus. . . . . 30 »

On peut adapter aux semoirs en lignes de Garrett un appareil pour semer à la volée.

SEMOIRS A BETTERAVES

La nécessité d'avoir un semoir spécial à betteraves s'est fait sentir depuis longtemps. Le modèle construit par Garrett remplit toutes les conditions de solidité et de bon fonctionnement. Beaucoup moins lourd que les semoirs à grand travail, il fait un ouvrage aussi régulier et coûte bien moins cher.

PRIX :

SEMOIR à 4 rangs. Ecartement, 37°/ₘ. . . . . 470 fr.
— » — — 41 » . . . . 490 »
— » — — 45 » . . . . 510 »
— » — — 50 » . . . . 525 »
— 5 — — 39 » . . . . 550 »

SEMOIR A POMMES DE TERRE

Les pommes de terre jouent un grand rôle dans l'alimentation publique et par conséquent dans l'agriculture ; **LEUR PLANTATION OCCUPE UN GRAND NOMBRE DE BRAS** quand elle se fait à la main ou même quand on place les tubercules entiers ou découpés derrière la charrue pour recouvrir par le trait de charrue suivant, ou bien enfin quand on la plante sur billons. On a donc dû chercher à **FAIRE DES ÉCONOMIES SUR CE TRAVAIL** en le faisant mécaniquement. **LA SEULE MACHINE QUI AIT DONNÉ UNE COMPLÈTE SATISFACTION** à l'agriculture est le semoir de M. Couteau.

Cette machine se compose d'un bâti monté sur quatre roues, dont deux forment avant-train tournant, d'un soc ou buttoir ouvrant la raie, de deux versoirs la refermant et couvrant la pomme de terre. — Le soc est fixé sur un parallélogramme muni d'un levier servant à le hausser ou à l'abaisser et réglant la profondeur du labour ; la position horizontale du buttoir se règle au moyen d'un autre levier placé près de l'avant-train. Le bâti supporte en même temps l'appareil à distribuer les pommes de terre ; au-dessus de l'avant-train est un récipient dans lequel on verse les pommes de terre, le fond de ce réservoir est remplacé par une série de rouleaux sur laquelle passe une toile fixée à l'extrémité d'avant, et en même temps à un cylindre faisant treuil, mis en mouvement par un cylindre distributeur. Ce chariot avance au fur et à mesure de la marche et vide son contenu petit à petit sur un plan incliné terminé par un peigne ; à l'extrémité de ce peigne tourne un cylindre distributeur, armé de griffes ou cuillères qui saisissent les pommes de terre une à une, en passant au travers du peigne, les enlèvent et les projettent dans une trémie placée à l'arrière ou en contre-bas de ce distributeur ; dessous cette trémie et comme pour la fermer, tourne un autre cylindre garni d'alvéoles, dans lesquelles viennent se loger les pommes de terre ; le cylindre en tournant fait que les alvéoles déposent leur contenu dans la raie, juste derrière les oreilles du buttoir.

PRIX :

Avec buttoir . . . . 700 fr.
Sans buttoir . . . . 600 »

DISTRIBUTEUR D'ENGRAIS

CHAMBERS

Le semoir distributeur d'engrais de Chambers, construit par Garrett, rend à l'agriculture les plus grands services. La nécessité de l'emploi des engrais pulvérulents riches, conjointement avec l'usage du fumier de ferme, est de mieux en mieux sentie depuis qu'il est bien reconnu que **LES RÉCOLTES SONT D'AUTANT PLUS ABONDANTES QUE LES FUMURES SONT PLUS COPIEUSES.** Mais comme les engrais riches sont chers, il faut que leur distribution soit bien régulièrement faite, d'autant plus que leur excès en certaines places peut occasionner la verse ou la destruction du pouvoir germinateur des semences. Un bon résultat ne peut être obtenu par les semailles d'engrais à la volée ; outre que ce travail est le plus souvent très-désagréable, et même insalubre pour les ouvriers, on ne peut très-bien répartir les poudres que le vent emporte ; par les temps humides ou pluvieux, on n'a dans la main que des matières pelotonnées, et l'épandage devient très-inégal. **TOUS CES INCONVÉNIENTS DISPARAISSENT** avec le distributeur de Chambers, qui peut être réglé de manière à répandre exactement, par hectare, la quantité prescrite ; qui répand à quelques centimètres du sol seulement, pour éviter l'action dispersive des vents, et qui contient les engrais dans des caisses fermées, de telle sorte qu'on peut distribuer par tous les temps.

Cet instrument permet un mélange parfait du sol et de l'engrais en poudre, conditions essentielles des cultures intensives, donnant immédiatement le maximum de rendement

Le semoir Chambers **SERT A DISTRIBUER TOUTE ESPÈCE D'ENGRAIS PULVÉRULENTS.** Il se compose d'une grande trémie à quatre compartiments portée par deux roues, sur le moyeu de l'une desquelles se trouve la roue motrice du système.

L'engrais en poudre tombe de la trémie sur un plan incliné contre lequel est appliqué une sorte de râteau à dents plates, qui reçoit de la roue motrice un mouvement de va-et-vient propre à bien diviser la matière. Sur la partie inférieure du plan incliné règne un long cylindre transversal composé d'une série de petits anneaux ou disques de fonte portant chacun cinq petites saillies ou cannelures équidistantes sur leur circonférence.

La quantité d'engrais distribuée varie suivant le conditionnement des engrais. Quand ils sont secs, en mettant la planchette qui sert à régler la sortie des engrais à la marque 1/2 sur l'échelle en cuivre, et avec un pignon de 45 dents sur l'arbre du cylindre, on aura environ 250 litres par hectare. Si les engrais sont humides, il y aura davantage. Si on monte la planchette à la marque 3, il y aura de 700 litres à 900 litres, et, en changeant le pignon, on pourra distribuer jusqu'à 4,000 litres. — Il faut avoir soin de bien nettoyer et huiler le semoir après s'en être servi.

PRIX . . . . 600 fr.

BINAGE

INTRUMENTS POUR LE BINAGE ET POUR LE SARCLAGE

L E complément nécessaire de la culture en lignes est le binage, qui soulève et aère le sol en détachant et renversant les herbes adventices, accompagné du sarclage, qui les coupe ou les arrache. Ce travail est exécuté par les houes à cheval avec **PLUS DE RAPIDITÉ & DE PERFECTION** que ne peuvent le faire les instruments à bras. D'ailleurs, les binages et les sarclages par la houe à la main ne sauraient guère être faits que pour les cultures où les plantes sont espacées; ils sont bien moins efficaces et plus coûteux. Dans les céréales semées en lignes, les houes à cheval font un travail qui a pour résultat **D'AUGMENTER EN FORTE PROPORTION LES RÉCOLTES** en quantité et en qualité; dans les betteraves et les autres racines, elles assurent la réussite, qui serait autrement presque toujours compromise.

Les binages effectués après la levée des céréales et alors que les herbes parasites commencent à prendre du feuillage, produisent les meilleurs effets; ils font souvent le salut des récoltes. Aussi, nous conseillons aux agriculteurs de s'inspirer de cette opinion d'une des plus hautes autorités du monde agronomique : *« L'homme qui a fréquenté les halles et les marchés à grains sait qu'un binage a sur la netteté des produits une influence qui augmente souvent la valeur du blé de 2 francs par hectolitre. En supposant un produit moyen de 18 hectolitres à l'hectare, un binage de 15 francs donnerait une augmentation de 36 francs sur le produit brut, & de 21 francs sur le produit net. J'ai supposé que l'augmentation ne portait que sur la qualité, mais je suis persuadé qu'elle agit aussi favorablement sur la quantité. »*

HOUES A CHEVAL DE GARRETT

(Voir les prix page 24.)

La plus complète et la plus parfaite des houes à cheval, est incontestablement celle de Garrett. Cet instrument s'adapte aux plus petites distances des lignes aussi bien qu'aux plus grandes; il peut être employé pour le blé, pour toutes les céréales, pour les pois, les féveroles, les betteraves, les navets, les pommes de terre, le maïs; c'est même le seul qui convienne tout à fait à la plupart de ces récoltes; IL EST L'INDISPENSABLE COMPLÉMENT DES SEMOIRS EN LIGNES.

Le système est porté par deux roues qui peuvent être placées à un écartement variable; l'essieu sur lequel elles sont montées étant formé de trois parties dont les deux extrêmes glissent sur la médiane et sont assujetties, par des écrous, à la largeur de la bande de terre qu'il s'agit de sarcler d'un seul trait. Une des roues peut être descendue de quelques centimètres pour rouler au besoin dans un sillon profond. Les houes qui doivent sarcler ou biner ont la forme, ou de pieds droits extirpateurs ou de coutres coudés en ratissoires; elles sont attachées par des écrous à des tiges qu'on fixe dans des leviers munis de contrepoids, pour forcer les parties tranchantes à appuyer sur le sol. Les leviers portant les houes sont indépendants les uns des autres, ils permettent aux couteaux de suivre toutes les inégalités du terrain, ET ILS PEUVENT ÊTRE ÉCARTÉS OU RAPPROCHÉS DE LA PLANTE, de manière à la débarrasser de toutes les mauvaises herbes, sans jamais l'endommager. Ils constituent un ensemble tout à la fois résistant et mobile, selon la volonté de l'ouvrier chargé de diriger l'instrument. Cet ouvrier agit, à l'aide de deux petits mancherons, sur un axe terminé par un pignon, qui fait dévier à droite ou à gauche le support antérieur suspendu sur le limonier par des tringles et une chaîne. On peut, avec la houe Garrett, sarcler les racines en travers, travail que ne permettent pas les autres houes à cheval.

PRIX DES HOUES A DOUBLE LEVIER

Th. P. 1. Houe à 7 rangs. Largeur, 1m,52 pour Semoir 9 rangs. 580 fr.
Th. P. 2. — 8 — — 1m,68 — — 10 — 610 »
Th. P. 3. — 9 — — 1m,80 — — 11 — 630 »
Th. P. 4. — 9 — — 2m, » — — 12 — 650 »
Th. P. 5. — 10 — — 2m,13 — — 13 — 690 »
Th. P. 6. — 11 — — 2m,30 — — 14 — 720 »
Th. P. 7. — 11 — — 2m,45 — — 15 — 730 »

PRIX DES HOUES A SOCS TRIANGULAIRES ET A DOUBLE LEVIER

Th. P. 1. Houe à 7 rangs. Largeur, 1m,52 pour Semoir à 9 rangs. 465 fr
Th. P. 2. — 8 — — 1m,68 — — 10 — 475 »
Th. P. 3. — 9 — — 1m,80 — — 11 — 520 »
Th. P. 4. — 10 — — 2m, » — — 12 — 535 »
Th. P. 5. — 10 — — 2m,13 — — 13 — 560 »
Th. P. 6. — 11 — — 2m,30 — — 14 — 590 »
Th. P. 7. — 12 — — 2m,45 — — 15 — 610 »

HOUE A EXPANSION

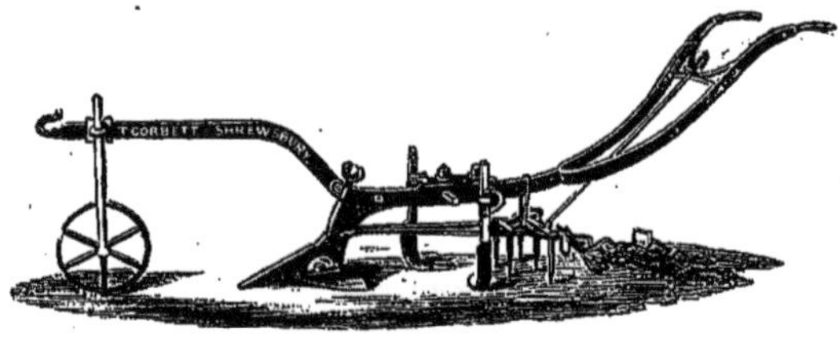

La plus simple des houes à cheval est la houe à expansion, dans laquelle les socs bineurs de derrière, aussi bien que les couteaux sarcleurs, peuvent être écartés ou rapprochés à volonté par le glissement des tringles sur lesquelles ils sont ajustés dans le bâti de l'instrument.

A l'arrière est adaptée une petite herse, qui donne au travail sa dernière perfection.

PRIX :

HOUE à 3 socs avec herse derrière . . . . 100 fr.
   —   5 —   —   . . . . 126 »

FAUCHEUSES

A prairie prend une extension plus grande dans les exploitations rurales, et elle est appelée à une importance plus considérable encore à cause de l'accroissement continu de la consommation de la viande, du prix de plus en plus élevé du bétail, et par conséquent des avantages mieux appréciés de la production fourragère.

Pour faire la récolte des prés, les bras de l'homme armé de la faux ne suffisent plus, et, d'ailleurs, le haut prix de la main-d'œuvre a pour résultat de faire que L'ON CHERCHE A SUBSTITUER LES MACHINES AU TRAVAIL DU FAUCHEUR.

Les machines à faucher ont atteint, en outre, une grande perfection, et leur succès va désormais grandissant sans cesse. Il n'est en quelque sorte plus permis aujourd'hui à un chef d'exploitation de ne pas avoir une faucheuse mécanique pour couper ses prairies, ses luzernes, ses trèfles, ses sainfoins, etc. Il obtient ainsi une économie qui est quelquefois DE 50 POUR 100, et il devient maître de faire la fauchaison à l'époque qu'il choisit lui-même, au lieu d'être dépendant du faucheur, qui fixe le jour où il viendra chez celui-ci parce qu'il est déjà engagé chez celui-là.

Lorsqu'à la faucheuse l'agriculteur joint la faneuse et le râteau à cheval, il n'a plus besoin d'avoir recours à un personnel étranger à son exploitation, ET IL DÉFIE MÊME LE MAUVAIS TEMPS, en ce sens qu'il peut profiter à coup sûr de tout rayon de soleil, de tout moment propice, et il ne redoute plus les pertes énormes de l'antique fenaison, si longue et soumise à toutes les intempéries. Il y a, du reste, des faucheuses mécaniques à une seule bête de trait, et elles se plient, par leur flexibilité, à tous les genres de terrains.

Les machines à faucher, dans leur forme actuelle, se composent essentiellement d'un bâti sur lequel se trouve le siége du conducteur-faucheur et qui porte le système d'engrenages commandé par la roue motrice; les engrenages donnent, par une bielle, un mouvement de va-et-vient rapide à la scie qui est entraînée latéralement; le conducteur peut, par des leviers sous sa main, abaisser plus ou moins la scie pour couper plus ou moins près du sol; il peut aussi la relever complétement, sans se déranger de son siége, pour traverser des ponts ou des obstacles quelconques, ou pour passer dans tous les chemins où son attelage a la place nécessaire à sa marche.

L'apprentissage et l'usage des machines à faucher est BEAUCOUP PLUS FACILE que celui de la faux. Tout charretier intelligent apprend à s'en servir en très-peu de temps. Elles permettent de couper TOUTES LES ESPÈCES D'HERBES, ainsi que celles qui sont couchées. Il suffit d'effectuer le travail dans le sens voulu pour que la scie rencontre l'herbe par-dessous.

La scie se démonte très-rapidement et elle peut être aiguisée plus vite que la faux. Enfin, au moyen de l'adaptation d'un appareil spécial, on peut trouver dans les machines à faucher un auxiliaire pour faire la moisson des céréales.

La quantité de travail que l'on peut faire par jour est de quatre hectares avec une machine à deux bêtes de trait.

FAUCHEUSE WOOD

SON INVENTION
SES CARACTÈRES

La faucheuse inventée par M. Wood, en Amérique, a fait la conquête du monde entier; elle est aujourd'hui répandue dans tout le monde civilisé. Il n'est pas d'année qu'elle ne remporte plusieurs premiers prix dans les concours; non pas seulement quand elle est dirigée par des conducteurs qui la connaissent depuis longtemps, mais même lorsqu'elle est mise entre les mains d'hommes qui ne l'ont jamais fait marcher.

La faucheuse Wood se fait remarquer par ses petites dimensions, par la facilité avec laquelle se démonte la scie chargée de faucher. L'appareil qui porte la scie se relève d'ailleurs avec une grande simplicité et on peut, même durant la marche, régler la hauteur de la coupe. Enfin la machine s'engage, sans trouver d'obstacles, dans tous les chemins où l'attelage peut passer.

SA CONDUITE

Le conducteur est assis sur un siège porté par la machine; il tient les guides d'une main; il peut, de l'autre main faire manœuvrer un levier avec lequel il relève facilement ou abaisse plus ou moins la scie pour qu'elle coupe à différentes hauteurs et pour qu'elle passe au-dessus des pierres ou des autres obstacles présentés par le terrain.

La machine se manœuvre facilement pour tourner sur place et venir couper dans le sens le plus favorable les récoltes couchées.

SA DESCRIPTION

La machine est montée sur des roues motrices présentant extérieurement des cannelures pour mieux mordre sur le sol; intérieurement, ces deux roues sont munies d'une couronne dentée. Dans chaque couronne s'engrène un pignon qui peut y rouler librement ou s'y appuyer de manière à transmettre la puissance que lui donne sa résistance contre la roue dentée, à l'axe sur lequel les deux pignons sont montés.

Il résulte de ces dispositions que les deux roues qui portent la machine sont toutes deux motrices lorsqu'elles marchent parallèlement. Mais quand la machine tourne ou pivote, la roue seule qui décrit le plus grand chemin reste roue motrice en prenant sur le pignon qui se trouve engagé dans ses dents. Sur l'axe des deux pignons est un engrenage d'angle qui multiplie la vitesse et fait marcher la bielle chargée de donner à la scie son mouvement de va-et-vient. Cette scie à larges dents ouvertes sous un angle d'environ 40 degrés, s'engage dans les supports chargés de la guider en portant des pointes qui pénètrent dans la récolte à couper. — Un versoir ramasse l'herbe sur la prairie immédiatement derrière la scie, en laissant une petite piste le long de l'herbe encore debout.

AVEC DEUX LAMES
Prix : francs.
CHAQUE LAME, et . . . . 30 fr.

Nota. — Les frais de mise en train, comprenant le voyage de l'ouvrier, sa nourriture et son logement, sont à la charge de l'acquéreur.

APPAREIL A MOISSONNER

APPLICABLE A LA FAUCHEUSE WOOD

Une des objections de la petite culture sur l'emploi des machines destinées à la fauchaison et à la moisson, consiste dans la difficulté de posséder en même temps deux machines : une faucheuse et une moissonneuse. Aussi, cherche-t-on A RÉUNIR DANS UN MÊME INSTRUMENT les organes nécessaires à l'exécution des deux opérations. La faucheuse Wood se prête très-bien à sa transformation en moissonneuse. Il suffit d'ajouter une plate-forme à jour, basculant à l'arrière le long du porte-lame de la faucheuse. Un ouvrier javeleur, tenant un râteau à la main, se place sur un siége à côté du conducteur et il fait basculer la plate-forme lorsqu'il a assez de grain coupé pour former une javelle.

L'appareil à moissonner de la faucheuse Wood doit être conseillé, MÊME DANS LES GRANDES EXPLOI-TATIONS qui ont des machines à moissonner spéciales. En effet, pour un travail pressant, ou bien encore en cas de réparations à faire à la moissonneuse, il peut être très-utile de pouvoir employer à couper les céréales la machine à faucher.

La faucheuse Wood, munie de l'appareil à moissonner, rend de grands services dans les pays plantés d'arbres à fruits, à travers lesquels elle peut fonctionner SANS AUCUN INCONVÉNIENT.

PRIX DE L'APPAREIL A MOISSONNER. . . . . 125 fr.

FAUCHEUSES ANSON WOOD

Les trois ou quatre bonnes faucheuses offertes à la culture sont construites d'après les mêmes données et ne diffèrent guère entre elles que par des modifications dans leurs organes qui donnent à chacune **UN CACHET PARTICULIER,** tout en lui réservant le principe de construction reconnu seul pratique.

Parmi ces machines, la faucheuse W. Anson Wood, à cause du bon choix de ses matériaux et des perfectionnements qui lui sont propres, **JOUIT D'UNE FAVEUR TRÈS-MARQUÉE.**

Le bâti est en fonte, parfaitement équilibré; les coussinets, au moyen d'un nouveau procédé, sont coulés dans le bâti, ce qui en augmente la durée et supprime les causes de dérangements, la flexibilité de la charnière permet à la barre de suivre toutes les ondulations du terrain.

La bielle étant très-longue et communiquant directement le mouvement à la lame, possède assez de solidité pour résister à tous les chocs.

Les roues sont très-hautes et contribuent à diminuer la force de traction nécessaire.

Les engrenages placés sur les deux roues motrices assurent une grande régularité au mouvement, et le système tout entier a reçu une telle perfection, que la machine est maintenant tout à la fois **TRÈS-SOLIDE ET D'UNE GRANDE LÉGÈRETÉ.**

On peut facilement, avec un homme & deux chevaux, couper 4 hectares par jour de 10 heures de travail.

PRIX :

FAUCHEUSE ANSON WOOD à 2 chevaux avec deux lames	675 fr.
— — — à 1 cheval —	625 »
Chaque lame, en plus	30 »
Appareil à moissonner applicable à la faucheuse à 2 chevaux.	125. »

FAUCHEUS SAMUELSON

LÉGÈRETÉ
DE TRACTION

Avec un attelage de deux chevaux ou de deux bœufs on peut couper **QUATRE HECTARES** par jour.

ACCESSOIRES

Il est expédié GRATIS, avec chaque machine, une BOITE A OUTILS contenant : Clefs, Burette à huile, Doigts et Sections de rechange.

Toutes les Faucheuses portent la marque de fabrique ci-dessus.

SOLIDITÉ

La solidité a été particulièrement étudiée, et bien que d'un mécanisme plus simple, elle ne le cède en rien à l'ancienne Machine.

GRAISSAGE

Pour préserver les godets à huile de la poussière qui pourrait y entrer et entraver le mouvement des arbres, les trous sont munis d'un couvercle à ressort, qui a pour effet d'empêcher complètement la poussière d'y pénétrer. Il est indispensable de se servir d'huile de première qualité.

COUSSINETS

Les Coussinets, habituellement en fonte et assemblés en deux parties, sont des douilles en *bronze* noyées dans le bâti; cette disposition supprime entièrement les boulons.

SE FAIRE INSCRIRE D'AVANCE

Il est de la plus grande importance de se faire inscrire d'avance pour que les expéditions soient faites en temps utile, & que les Machines soient montées et & expédiées avec soin.

AVEC DIX LAMES
Prix : francs

CHAQUE LAME, à . . . . 30 fr.

Il est remis à chaque Acheteur une brochure contenant les instructions pour le montage, le fonctionnement et l'entretien de ces Machines.

NOTA. — Les frais de mise en train, comprenant le voyage du ouvrier, sa nourriture et son logement, sont à la charge de l'Acheteur.

FAUCHEUSE SAMUELSON
AVEC APPAREIL A MOISSONNER

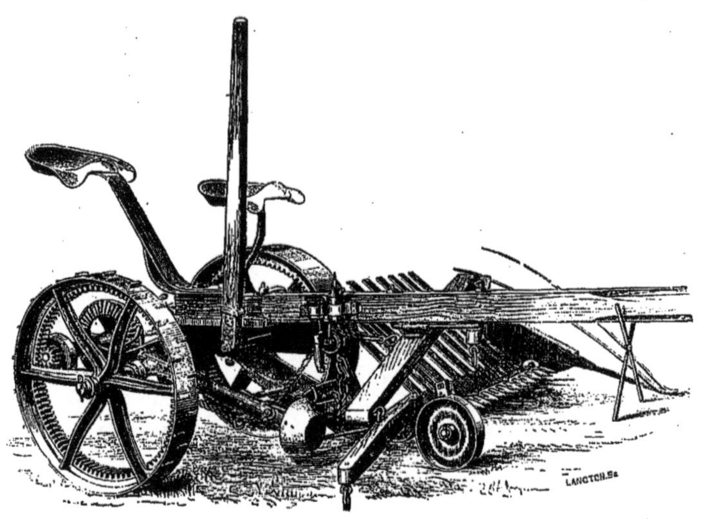

La nécessité de donner satisfaction à la petite culture, où il est difficile de posséder en même temps une machine à faucher et une machine à moissonner, a conduit la maison Samuelson a créer un appareil à moissonner, qu'il serait aisé d'ajouter aux faucheuses **POUR LES TRANSFORMER EN TRÈS-BONNES MOISSONNEUSES**. L'appareil consiste en une plate-formé à jour et basculant, sur laquelle vient tomber le grain coupé.

Un ouvrier tenant un râteau à la main, placé sur un siége à côté du conducteur, fait basculer cette plate-forme au fur et à mesure qu'il a assez de grain pour faire une javelle, et, en y apportant un peu d'attention, **IL EXÉCUTE UN TRAVAIL IRRÉPROCHABLE**. La coupe est nette et au moins aussi rase que celle du meilleur faucheur.

Dans les céréales par trop versées, la faucheuse simple, sans la planche à andain, est très-avantageusement employée ; elle produit le même travail que la faux. Des ramasseurs font la javelle comme derrière les faucheurs à bras.

PRIX DE L'APPAREIL . . . . 115 fr

DES SOINS A DONNER AUX MACHINES A FAUCHER

Pour les machines à faucher, une chose aussi essentielle que pour le fauchage à bras, c'est que la lame ou scie soit bien affilée, afin qu'elle coupe dans la perfection. Négliger ce soin serait à la fois préjudiciable au résultat à obtenir et à la machine elle-même, dont les organes fatigueraient outre mesure et entraîneraient à plus de frais d'entretien. Les attelages aussi éprouveraient une résistance plus grande et devraient dépenser plus d'efforts. Enfin, la coupe est d'autant plus nette et rase que la lame a été plus fraîchement affilée. Il faut donc avoir soin de tenir les lames des scies toujours prêtes pour remplacer celles qui travaillent, aussitôt qu'elles ne coupent plus suffisamment, que les herbes sont un peu hachées au lieu de présenter des sections bien nettes. Le porte-lame doit être aussi nettoyé chaque fois qu'on change une lame. Enfin, on doit graisser souvent et, quand on fait le graissage, jeter un coup-d'œil général sur toutes les parties de la machine.

LES MACHINES A FANER

 LUS tôt le foin est fané après la fauchaison, plus tôt il est rentré et meilleure est sa qualité. **UNE PROMPTE FENAISON SAUVE TRÈS-SOUVENT UNE RÉCOLTE**, et elle conserve au foin sa couleur, son goût et l'arôme qui le rend si appétissant pour les animaux.

Les machines à faner sont, parmi les appareils que la pratique doit au progrès et à la mécanique agricole moderne, celles qui ont le plus vite triomphé de la routine, en raison de l'évidence des excellents effets qu'elles ont produits. Elles présentent d'ailleurs un perfectionnement extrême dans tous leurs organes. C'est merveille de voir avec quelle précision elles projettent le foin en l'air, lorsque les râteaux dont elles sont armées tournent dans le sens de la marche, ou bien avec quelle légèreté elles le retournent simplement sur place lorsque la rotation se fait en sens contraire de celle des roues, parce qu'on veut ménager des fourrages qui, comme le trèfle ou la luzerne, s'effeuilleraient avec trop de facilité. **L'OUVRIER N'A RIEN A FAIRE**; la machine, une fois réglée, accomplit son travail de manière à exciter l'enthousiasme de ceux qui pour la première fois la voient fonctionner. C'est ce qui est arrivé dans tous les concours où les machines à faner ont fait leurs premières apparitions, et la bonne réputation qu'elles se sont faites du premier coup ne s'est jamais démentie.

FANEUSE HOWARD

Th. P. 2.

(MODÈLE RECOMMANDÉ)

Les râteaux ou fourches sont disposés en zigzags, par quatre séries de trois dents; le fonctionnement est ainsi rendu très-uniforme. L'embrayage et le désembrayage se font de la manière la plus simple, au moyen d'un levier placé sur le côté, ce qui écarte tout danger de se blesser sur les prismes hérissés de fourches. On abaisse, en outre, et on relève très-facilement les deux systèmes de fourches selon qu'il convient d'après l'état de la récolte à faner. Pour empêcher le foin de couvrir les chevaux ou de s'entasser, on munit la machine d'un grillage sur l'avant.

PRIX. . . . . 525 fr.
Grille pour empêcher l'entassement du foin (accessoire très-utile) . . . . 25 »

PETITE FANEUSE HOWARD
Th. P. 1.

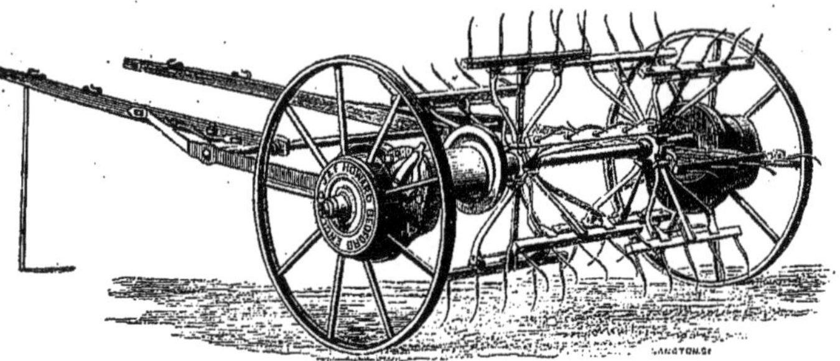

Pour les récoltes faibles et courtes, la maison Howard construit des faneuses moins fortes, d'une construction plus légère et avec les dents arrangées par séries de cinq sur les fourches.

PRIX. . . . . 425 fr.
Grille, en plus. . . . . 25 »

FANEUSE HOWARD A DEUX CHEVAUX
Th. P. 3.

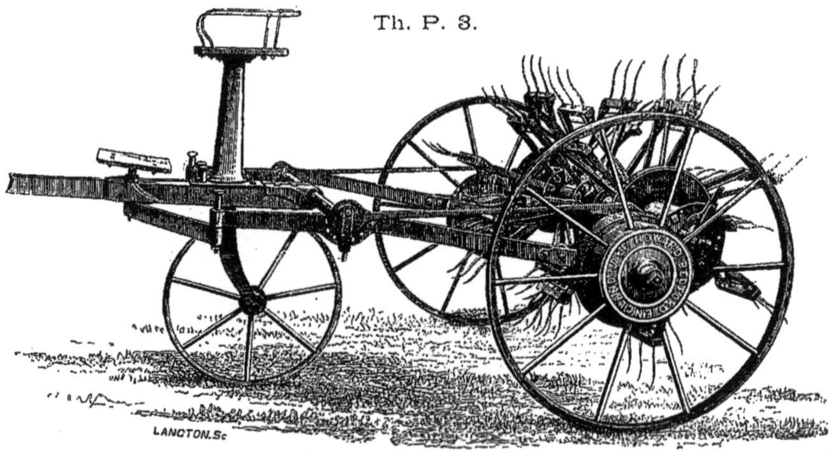

Dans les faneuses précédentes, le conducteur conduit le cheval à la main. Pour aller plus vite, on peut avoir un avant-train avec timon à deux chevaux, et siége pour le conducteur. La machine devient ainsi commode pour faner très-vite avec des chevaux de trait légers, sans les fatiguer. Il faut aussi armer cette faneuse de la grille à retenir le foin.

PRIX. . . . . 625 fr.
Grille, en plus. . . . . 25 »

RATEAUX A CHEVAL

NE fois le foin coupé et fané, on peut, sans doute, le garantir contre l'action alternative des pluies et du soleil en le mettant en meulons; mais il vaut beaucoup mieux LE RENTRER IMMÉDIATEMENT APRÈS LA FENAISON. Les râteaux à cheval sont les instruments essentiels de toute ferme bien administrée; on ne peut s'en passer pour conjurer les accidents inséparables de la culture, car il faut toujours compter avec les intempéries.

Les râteaux à cheval permettent DE SAUVER LES RÉCOLTES de fourrage au moins une année sur deux; en tout temps ils sont utiles, non-seulement à cause de l'économie de main-d'œuvre qu'ils produisent, car un râteau à cheval remplace 20 ouvriers ou ouvrières mais encore par le surplus de récolte qu'ils fournissent en supprimant le glanage par les râteaux à bras.

RATEAUX ORDINAIRES

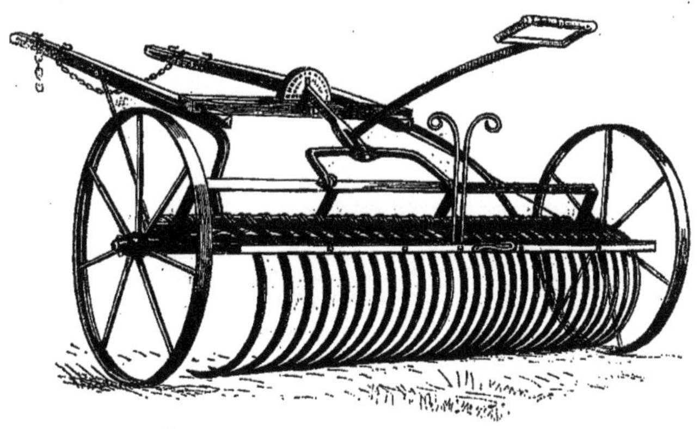

Les râteaux à levier Howard ont de très-notables avantages sur tous ceux fabriqués jusqu'à ce jour. D'abord, les roues sont montées sur UN ESSIEU EN ACIER, qui va d'un bout à l'autre de l'instrument, et les brancards y sont reliés par deux fortes tiges en fer forgé, ce qui forme une disposition tout à la fois simple et solide.

Leurs dents sont en acier, ce qui les rend plus solides, plus durables et plus légères que celles en fer. Elles sont accouplées deux par deux. Leur forme est celle d'arcs de cercles parfaits, tangents au sol sur lequel ils sont promenés, ce qui leur permet de RAMASSER TOUT LE FOIN SANS ENTRAINER LA TERRE. L'essieu central leur forme point d'appui, et, au moment où on commence à les soulever, elles deviennent verticales et se déchargent si facilement, au moyen du levier, qu'un jeune garçon suffit parfaitement pour conduire l'instrument.

Les roues sont cerclées en fer, et les moyeux sont garnis de couvercles, pour empêcher le foin et la poussière de s'y introduire.

PRIX:

Th. P. 1. Râteau avec essieu et 24 dents en acier. Largeur, 2ᵐ,30. Diamètre des roues, 0ᵐ,80. Poids, 230 kil. 290 fr.
Th. P. 2.   —   —   28 —   —   —   2ᵐ,60   —   —   0ᵐ,90 —   250 — 315 »
Th. P. 3.   —   —   28 —   —   —   2ᵐ,60   —   —   1ᵐ,05 —   270 — 330 »

RATEAU AMÉRICAIN

Ce râteau, dont le bâti ainsi que les roues sont en bois d'Amérique bien travaillé, est surtout remarquable par **SA LÉGÈ-RETÉ**. Les dents, en acier trempé à l'huile, sont d'une flexibilité telle qu'elles ne cassent jamais et reprennent toujours leur première position quel que soit l'écart qu'on leur fasse subir.

La hauteur des roues, ainsi que la rapidité avec laquelle ce râteau ramasse les fourrages, le rendent d'une utilité inappré-ciable **POUR LE GLANAGE ET POUR LES TRAVAUX LÉGERS**, et en font un accessoire indispen-sable à toutes les grandes fermes qui possèdent déjà un ou plusieurs râteaux en fer.

PRIX :

RATEAU AMÉRICAIN. Hauteur des roues, 1^m,33. Poids, 120 kil. . . . . 290 fr.

RATEAU ANGLO-AMÉRICAIN

Le succès obtenu dans les travaux légers par le râteau américain a décidé la maison Howard à construire un instrument inter-médiaire entre les râteaux anglais et les râteaux américains, et qui réunit tout à la fois la solidité des premiers et la légèreté des seconds.

Le conducteur soulève les dents par la seule pression du pied sur une pédale comme dans les râteaux automatiques de Howard.

Les roues sont très-hautes, ce qui diminue le tirage. Enfin les dents, en acier de première qualité, sont d'une flexibilité à toute épreuve.

PRIX :

RATEAU ANGLO-AMÉRICAIN. . . . . 290 fr.

RATEAUX AUTOMATIQUES

Les râteaux automatiques de Howard présentent des avantages incontestables qui permettent de les employer à n'importe quel genre de travail. En outre du siége, qui a pour effet de ne pas fatiguer l'ouvrier, ils sont munis, pour le relevage des dents, d'UN APPAREIL A FREIN adapté sur les roues et que le conducteur a entièrement à sa disposition du haut de son siége. La manœuvre en est très-facile et s'apprend très-rapidement; il suffit d'un peu de coup-d'œil et d'un simple mouvement du pied, appuyant sur une pédale placée à l'extrémité d'un levier, pour décharger l'instrument lorsqu'il est rempli de la quantité de fourrage convenable; CELA SE FAIT SANS FATIGUE, ni pour l'homme, ni pour l'attelage.

De nouveaux perfectionnements ont été apportés dans la construction de ces instruments. Le tirage a été diminué par l'adaptation DE ROUES BEAUCOUP PLUS HAUTES que précédemment, et, comme conséquence, les dents étant plus grandes, permettent de ramasser une plus grande quantité de fourrage et de faire des andains plus épais et plus espacés. La solidité, enfin, a été l'objet d'un soin tout particulier.

PRIX :

Th. P. 5. Râteau avec essieu et 28 dents en acier. Largeur, 2m,60. Diamètre des roues, 1m,17. Poids, 285 kil. 350 fr.
Th. P. 6.   —   —   28 —   —   —   2m,60.   —   —   1m,33. —   290 — 370 »
Th. P. 7.   —   —   28 —   —   —   2m,60.   .   —   1m,45. —   370 — 470 »

PRESSE A FOIN

 A nécessité de comprimer le foin pour en faire le commerce est aujourd'hui admise par tous les agriculteurs. Naguère les fourrages étaient à vil prix dans les pays d'abondance; ils étaient, au contraire, d'une cherté excessive dans les contrées où manquent les prairies, surtout dans les années de sécheresse.

Grâce aux presses à foin, QUI PERMETTENT DE BEAUCOUP EN DIMINUER LE VO-LUME et d'en faire des bottes moins encombrantes et plus faciles à manier, le foin des prairies naturelles, aussi bien que celui de luzerne, sont devenus des DENRÉES QUI SUPPORTENT LES PLUS LOIN-TAINS TRANSPORTS et qui peuvent constituer des approvisionnements pour les grandes villes, pour les garnisons, pour les armées en marche, sans les inconvénients de tout genre que causaient les anciens greniers à fourrage.

Parmi les diverses presses à foin imaginées jusqu'à ce jour, IL N'EN EST PAS D'UN MANIE-MENT PLUS COMMODE que celle ci-contre, offerte au public agricole, ainsi qu'aux grandes compagnies ou entreprises qui ont besoin de fortes quantités de fourrages.

Ces presses ont, en outre, l'AVANTAGE DE DONNER DES BOTTES OU BALLES CYLIN-DRIQUES, à la place des bottes ou balles cubiques ou parallélipipédiques fournies par les anciennes presses employées jusqu'ici. Les nouvelles balles ont tout à fait la forme de tonneaux et peuvent se rouler avec la même facilité que ceux-ci, tandis que les BALLES D'AUTRE FORME EXIGENT DES EFFORTS CONSIDÉRABLES pour être changées de place.

Les figures ci-après représentent le travail de cette nouvelle presse à foin, l'emmagasinage et le manie-ment des balles de foin.

PRIX :

PRESSE A MANÉGE OU A VAPEUR faisant des balles de 0^m,70 de diamètre. 2,500 fr.

PRESSE A FOIN

Les presses nouvelles, originaires d'Amérique, mais perfectionnées en France, PEUVENT ÊTRE MISES EN MOUVEMENT A VOLONTÉ PAR DES MANÉGES ou par des machines à vapeur.

Elles sont locomobiles

Un plateau circulaire est muni de deux cônes tournant autour de son centre; ces cônes, qui eux-mêmes sont mobiles sur leurs axes, saisissent le foin que deux hommes leur fournissent dans deux conduits.

Le foin pénètre dans un cylindre où il vient se tasser en constituant des spirales au centre de la circonférence. Le cylindre se termine de l'autre côté par un fond mobile qui peut être poussé plus ou moins, à mesure que le foin s'introduit dans la capacité. Mais ce fond mobile est placé à l'extrémité d'un arbre que l'on serre plus ou moins, avec un frein, sur une vis sans fin que le moteur met en mouvement. Cette vis sans fin est en relations, d'ailleurs, avec les engrenages nécessaires pour faire marcher le plateau fournisseur, et elle pousse le fond mobile pour donner la pression voulue à la balle de foin formée.

Les ligatures se font facilement au moyen d'un fil d'acier et LES BOTTES TOMBENT DE L'APPAREIL LORSQU'ELLES SONT SERRÉES et que l'on fait reculer le fond mobile.

ON FAIT DES BALLES DE TEL POIDS QUE L'ON DÉSIRE, de 50 ou de 100 kil. par exemple, en leur donnant plus ou moins de hauteur. Il n'y a de fixe que le cercle de la base. On obtient, d'ailleurs, la densité que l'on désire, jusqu'à 250 kil. au mètre cube, et même davantage. Le foin est tellement disposé par disques successifs se déroulant en spirales, qu'il est extrêmement facile, quand on défait les bottes, de former des rations toujours du poids que l'on désire.

VUE EN PLAN

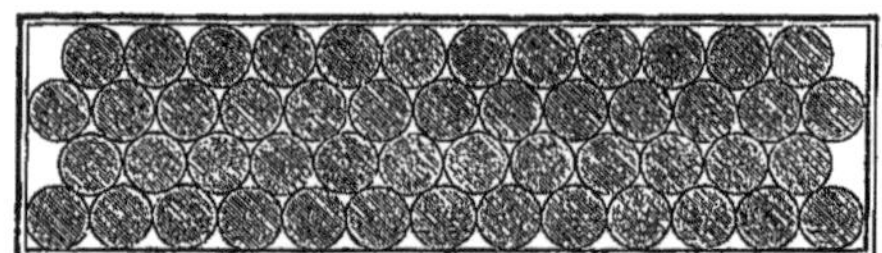

D'UN WAGON CHARGÉ DE BALLES DE FOIN

Un grand avantage de la nouvelle presse à foin, qui la rendra précieuse pour tous les acheteurs, c'est qu'il est **IMPOS-SIBLE DE PLACER AU CENTRE DES BOTTES DE MAUVAIS FOIN** et de garnir l'extérieur de bon foin, comme cela se fait facilement avec les presses qui donnent des balles cubiques. On ne saurait donc trop recommander les nouvelles presses aux agriculteurs et au commerce loyal.

FOURCHES AMÉRICAINES

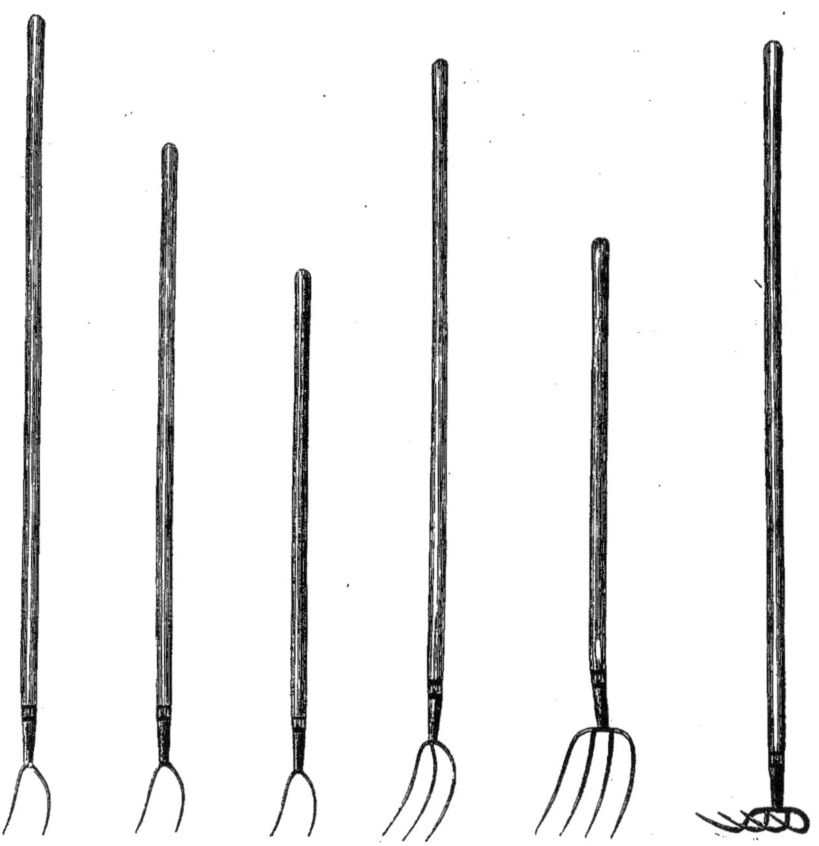

ES Fourches américaines sont devenues aujourd'hui d'un usage à peu près général. On a bien vite reconnu que tout en coûtant plus cher que les fourches en bois ou en fer elles étaient **EN RÉALITÉ PLUS ÉCONOMI-QUES.** Elles durent plus longtemps et permettent de faire dans le même temps et avec moins de fatigue pour l'ouvrier, **DEUX FOIS PLUS DE TRAVAIL.** Elles pénètrent mieux et plus vite au sein de l'herbe, du foin, de la paille, du fumier; elles enlèvent davantage et plus rapidement; enfin, avantage précieux, elles ne dévient jamais de leur forme primitive, **NE SE RECOURBENT PAS A LA POINTE** et laissent toujours partir la charge quand on la lance, de telle sorte qu'il n'y a pas d'efforts perdus et que l'on n'est pas exposé à voir retomber les bottes ou les gerbes au moment où l'ouvrier en tire l'outil. Est-il étonnant, après cela, que celui qui s'est une fois servi de ces fourches ne veuille plus en employer d'autres.

3

Comme toutes choses dont LE SUCCÈS A ÉTÉ RAPIDE ET INCONTESTÉ, les fourches américaines ont donné lieu à de nombreuses imitations; mais aucune n'a pu obtenir cette élasticité qui les distingue et qui est due à la trempe spéciale à laquelle l'acier a été soumis et dont les fabricants possèdent seuls le secret. Du reste, toutes les fourches sortant de la maison portent sur le manche la marque ci-dessous :

PRIX :

					Longueur du manche		Longueur de dents	fr.	
N° 0. FOURCHE à 2 dents.					$2^m,10$		$0^m,23$	fr.	2 20
0	—	2	—	—	—	$1^m,80$	—	— $0^m,23$	3 »
0	—	2	—	—	—	$1^m,50$	—	— $0^m,23$	3 »
0	--	2	—	—	—	$1^m,20$	—	— $0^m,23$	3 »
1	—	2	—	—	—	$2^m,10$	—	— $0^m,26$	3 50
1	—	2	—	—	—	$1^m,80$	—	— $0^m,26$	3 50
1	—	2	—	—	—	$1^m,50$	—	— $0^m,26$	3 20
2	—	2	—	—	—	$2^m,10$	—	— $0^m,29$	4 »
1	—	3	—	—	—	$1^m,60$	—	— $0^m,26$	4 75
2	—	3	—	—	—	$1^m,80$	—	— $0^m,29$	5 25
—	3	—	—	—		$1^m,40$	—	— $0^m,30$	5 50
—	4	— carrées —		—		$1^m,20$	—	— $0^m,30$	5 75
—	4	— ovales —		—		$1^m,20$	—	— $0^m,30$	6 »
—	4	— — —		—		$1^m,40$	—	— $0^m,30$	6 »
CROC à 3	— — —			—		$1^m,80$	—	— $0^m,24$	5 »
—	4	— — —		—		$1^m,80$	—	— $0^m,24$	5 75
FOURCHE à 4	— à bécher.								8 »

NOTA. — La longueur des dents est mesurée sur la courbe.

MACHINES A MOISSONNER

A nécessité des machines à moissonner, les grands services qu'elles rendent, la facilité de leur emploi ne sont plus en question.

Les agriculteurs de tous les pays, qui en ont vu l'usage, s'empressent de s'en procurer, ou bien d'en louer à des entrepreneurs de moisson, lorsque leurs cultures de céréales ont trop peu d'étendue pour justifier l'achat d'une machine; encore, dans ce cas, est-il plus avantageux d'avoir recours à l'association entre trois ou quatre voisins qui s'entendent pour se servir tour à tour de l'appareil.

Du reste, C'EST PAR MILLIERS que, maintenant, on livre des machines à moissonner à l'agriculture. Plusieurs systèmes sont extrêmement bons, et le cultivateur n'a, pour ainsi dire, que l'embarras du choix. On doit lui conseiller de choisir LE PLUS SIMPLE ET LE PLUS SOLIDE. Essentiellement, toute machine à moissonner se compose de trois parties, appareil moteur, appareil de sciage, appareil javeleur. Ces trois appareils fonctionnent avec la plus grande efficacité. L'appareil moteur, commandé par la roue motrice que fait mouvoir l'attelage, met en mouvement avec la vitesse convenable, d'une part, la scie, qui, dans son va-et-vient rapide, coupe les tiges, et, d'autre part, l'appareil javeleur, composé de râteaux-rabatteurs qui rassemblent la gerbe sur le tablier pour la déposer ensuite sur le sol. La coupe et le javelage ne laissent désormais plus rien à désirer; LES MACHINES FONT MIEUX QUE LES MEILLEURS FAUCHEURS, et elles présentent le précieux avantage de mettre les agriculteurs à l'abri d'aussi graves inconvénients que le manque de bras et les exigences des ouvriers, qui se montrent d'autant plus difficiles qu'ils sentent qu'on a plus besoin d'eux, et qui font défaut juste au moment où ils seraient indispensables.

Les moissonneuses n'égrènent pas la récolte, ELLES N'ÉPARPILLENT PAS D'ÉPIS; enfin elles peuvent être confiées à tous les ouvriers, même les moins habiles, pourvu qu'ils sachent conduire un attelage.

Un autre avantage, dont les agriculteurs comprendront tout le prix, consiste dans la rapidité d'exécution, car même dans les blés versés et les conditions les plus difficiles, on ne fait pas moins d'un demi-hectare à l'HEURE, et on le dépasse lorsque les circonstances sont favorables, et cela en faisant travailler un attelage de deux chevaux ou de deux bœufs durant quatre à cinq heures par jour.

MOISSONNEUSE SAMUELSON

SOLIDITÉ

Cette qualité essentielle a été étudiée avec la plus grande attention, et les modifications apportées à la suite de DOUZE RÉCOLTES, et d'après les avis des CULTIVATEURS QUI S'EN SERVENT, ont rendu la machine d'une solidité à toute épreuve.

La fonte a été remplacée par le FER et l'ACIER dans toutes les parties sujettes à l'usure.

TRAVAIL

Cette machine a été spécialement modifiée pour les récoltes longues et difficiles de ce pays. Il fonctionne aujourd'hui 2,300 de ces machines en France, à la satisfaction de tous les acheteurs.

(Voir la liste des certificats.)

La coupe est RASE ET NETTE; la javelle est posée DOUCEMENT et CARRÉMENT DE COTÉ, prête à être liée.

Demander la liste des principaux acheteurs ainsi que celle des certificats sur l'ensemble de la moissonneuse.

LÉGÈRETÉ
DE TRACTION

Avec un attelage de deux chevaux ou de deux bœufs on peut couper et javeler CINQ HECTARES par jour et avec deux attelages, jusqu'à SEPT HECTARES par jour.

MARQUE DE FABRIQUE

Le succès obtenu par la moissonneuse Samuelson a donné l'idée à beaucoup de constructeurs d'en faire des contrefaçons. Les cultivateurs devront se mettre en garde contre ces sol-disant perfectionnements, qui ne sont que de mauvaises copies.

Pour faciliter aux acheteurs de reconnaître ces machines, toutes les moissonneuses véritables Samuelson porteront la marque de fabrique ci-dessous.

AVEC DES LAMES
Prix : 1, francs
CHAQUE LAME, en . . . . 85 fr.

Il est remis à chaque acheteur une brochure contenant les instructions pour le montage, le fonctionnement et l'entretien de ces machines.

NOTA. — Les frais de mise en train, comprenant le voyage du Mécanicien, sa nourriture et son logement, sont à la charge de l'Acheteur.

MOISSONNEUSE SIMPLEX

La maison Howard vient de construire une nouvelle moissonneuse.

Les principaux perfectionnements de cette machine portent sur les points suivants :

1° La machine est munie de deux paires de râteaux et chaque paire est accouplée de sorte que le poids de l'un des râteaux est utilisé pour remonter l'autre.

2° Les râteaux peuvent être, à la volonté du conducteur, employés comme rabatteurs ou javeleurs, ce qui donne la facilité de conserver la javelle sur la plate-forme et de la déposer à volonté, ce que l'on appelle vulgairement : « *faire les coins.* »

3° Au lieu de fondre la roue principale avec des dents, à la manière ordinaire, la jante de la roue motrice est construite avec des ouvertures dans lesquelles s'engagent les dents du pignon ; par cet arrangement, la terre qui pourrait tomber dans la roue et faire engorger les engrenages EST CHASSÉE A CHAQUE RÉVOLUTION PAR LA DENT CORRESPONDANTE DU PIGNON.

4° Le mouvement est donné aux râteaux par une paire de roues à angle droit, engrenant directement avec la roue motrice et complétement indépendante de l'engrenage qui met la scie en mouvement.

5° Le conducteur peut, au moyen d'un levier, modifier de son siége l'inclinaison de la scie.

6° Les engrenages, sauf la roue motrice, ordinairement en fonte et susceptibles de se casser, sont en fer ou en acier.

7° Le tablier se relève pour le voyage EN QUELQUES INSTANTS.

8° Le poids est très-léger, et la traction a été réduite au minimum.

PRIX :

Avec deux lames. . . . . 1,000 fr.

MOISSONNEUSE WOOD

La machine à moissonner Wood a, depuis de longues années, fait ses preuves pour la légèreté en même temps que pour la solidité de sa construction; SON MÉCANISME EST EXTRÊMEMENT SIMPLE et il est en outre protégé par une boîte qui le met à l'abri des poussières et des corps étrangers. En raison de la disposition de la roue motrice et de la roue qui est à l'extrémité du tablier, la machine présente une grande stabilité. Les leviers d'embrayage et de règlement pour la hauteur de la coupe sont sous la main du conducteur, qui, pendant la marche, et assis sur son siége, PEUT ABAISSER OU ÉLEVER FACILEMENT LE PORTE-LAME, éviter les obstacles qui seraient de nature à détériorer la scie et s'arranger pour couper plus ou moins près de terre. L'appareil javeleur se compose de quatre râteaux reliés ensemble par des tiges de fer, dont un simple changement de position suffit pour que les râteaux deviennent des rabatteurs, ce qui permet de distancer plus ou moins le dépôt de la javelle. Le plan incliné directeur des javeleurs est superposé aux galets en forme d'une calotte solide contre laquelle ces galets s'appuient, au lieu de reposer simplement sur la surface directrice. Il en résulte une grande régularité dans la confection de la javelle, qui est assemblée et déposée sans mouvements brusques.

La machine Wood a partout fait ses preuves pour la rapidité avec laquelle elle exécute la moisson, en franchissant facilement tous les obstacles, sans fatiguer les attelages à cause de sa légèreté; SON TRAVAIL EST IRRÉPROCHABLE.

La machine à moissonner de Wood présente, en outre, l'avantage de pouvoir passer dans les plus mauvais chemins, par toutes les portes de ferme, et entre des haies ou des murs, dans les rues étroites de quelques villages; en effet, le tablier peut s'en relever verticalement avec une grande facilité et presque instantanément, de telle sorte que, les râteaux étant alors resserrés les uns contre les autres, tout l'appareil n'a plus qu'une largeur de 1m,20, et se trouve assez solidement concentré pour que l'attelage puisse aller d'un champ à un autre, AVEC UNE GRANDE VITESSE ET SANS ENCOMBRER LES ROUTES.

Les machines à moissonner de Wood sont celles qui pèsent le moins de toutes les machines connues jusqu'à ce jour, et dans esquelles les fabricants ont soin néanmoins de conserver une solidité suffisante, réunie à une bonne construction.

d

TH. PILTER, 24, Alibert, PARIS.

MOISSONNEUSE WOOD

DESCRIPTION

Les principales qualités qui distinguent la moissonneuse Wood sont la légèreté dans la construction, la solidité et la simplicité dans le mécanisme.

Le mécanisme est protégé par une boîte en fer qui le met à l'abri des poussières, des pailles et du choc des corps étrangers. Les râteaux sont montés sur une came dont la surface est taillée de manière à éviter les mouvements brusques, afin d'assurer une confection régulière de la javelle.

L'appareil javeleur comporte quatre râteaux, mais ceux-ci sont reliés deux à deux par des tiges en fer. Grâce à cette disposition, il suffit d'un simple changement de position de ces tiges pour convertir les râteaux en rabatteurs.

Les axes de la roue motrice de la moissonneuse et de la petite roue placée à l'extrémité du tablier sont dans un même plan vertical; la stabilité de la machine est ainsi assurée.

Les leviers pour l'embrayage et pour le réglement de la hauteur de la coupe sont parfaitement à la portée du conducteur, lorsqu'il est assis sur son siège. Il peut, pendant la marche même de la machine, changer la hauteur de coupe ou relever le porte-lame, quand il rencontre des obstacles qui pourraient détériorer la scie.

Les boîtes à graisse sont munies de bouchons à ressort qui en interdisent l'accès à la poussière.

RÉCOMPENSES

LES MACHINES WOOD
ONT REMPORTÉ
LA CROIX D'HONNEUR
EN 1867,
A l'Exposition Universelle de Paris.
EN 1873,
A l'Exposition Universelle de Vienne,
LE GRAND DIPLOME D'HONNEUR
a été décerné à la Moissonneuse
WALTER A. WOOD
ET EN 1876,
A l'Exposition de Philadelphie,
elle a obtenu
la plus haute récompense.
EN 1877,
la Moissonneuse Wood
A REMPORTÉ
11 premiers prix

AVEC DEUX LAMES
Prix : 1,0 francs.
CHAQUE LAME, en p . . . . 35 fr.

IL EST DE LA PLUS GRANDE IMPORTANCE DE SE FAIRE INSCRIRE D'AVANCE, POUR QUE LES EXPÉDI[illegible]ENT FAITES EN TEMPS UTILE, & QUE LES MACHINES SOIENT MONTÉES & EXPÉDIÉES AVEC SOIN

NOTA. — Les frais de mise en train, comprenant le voyage du Mé[illegible], sa nourriture et son logement, sont à la charge de l'acquéreur.

APPAREIL A FAUCHER

APPLICABLE A LA MOISSONNEUSE WOOD

Il n'est, pour ainsi dire, pas d'exploitation rurale qui n'ait à couper en même temps des céréales et des prairies, soit naturelles soit artificielles. On a, par conséquent, dû chercher à avoir des machines qui puissent remplir les deux fonctions. Ces machines portent le nom de machines combinées. Elles sont nécessairement d'un prix plus élevé que les machines à moissonner et les machines à faucher séparément, mais cependant moindre que la somme des deux prix.

Cet avantage est, en partie, perdu par ce fait que les machines combinées effectuent moins bien, soit la moisson des blés, des seigles ou avoines, soit le fauchage des herbes. Ce défaut tient à ce que l'appareil à couper les deux sortes de récoltes ne doit pas être identique.

D'un autre côté, cependant, les principaux organes moteurs, le bâti qui les supporte, le système d'attelage sont identiques dans les deux cas. De là la nécessité de joindre à la machine à moissonner de Wood l'appareil à faucher que l'on met sur le système moteur de la moissonneuse, en enlevant, lorsqu'on veut faucher, le système spécial à la moisson.

Réciproquement, on change facilement la machine à faucher en machine à moissonner, en faisant l'opération inverse sur l'ensemble des organes moteurs.

Par cette combinaison, L'ACHETEUR DU SYSTÈME WOOD PEUT FAIRE UNE ÉCONOMIE NOTABLE, qui consiste, comme on le comprend d'après les indications précédentes, en ce qu'il n'a à dépenser, pour remplir les deux fonctions de la moisson et de la fauchaison, que l'achat d'un seul système moteur; cependant, LES DEUX OPÉRATIONS S'EFFECTUENT AVEC LA MÊME PERFECTION que s'il avait dû acquérir deux machines complètes.

Prix de l'appareil à faucher . . . . 425 fr.

MOISSONNEUSE WOOD

A UN CHEVAL

La Machine à moissonner de Wood, à un cheval, est réellement une nouveauté. On a longtemps cherché à résoudre le problème d'avoir une machine pouvant faire la moisson dans les pays de petite propriété, où il arrive que les exploitants du sol n'ont pas deux chevaux, et aussi dans les pays accidentés où les grandes machines deviennent trop lourdes même pour des attelages de deux bêtes. Comme la machine ordinaire de Wood SE FAISAIT REMARQUER ENTRE TOUTES PAR SA LÉGÈRETÉ, il était naturel de penser qu'en en faisant un diminutif, on comblerait une lacune évidente. La machine à un cheval de Wood n'est donc que la Machine ordinaire sur une plus petite échelle; elle n'est pas destinée à remplacer les moissonneuses à deux bêtes qui sont celles de la moyenne et de la grande culture et des grandes plaines, qui doivent être choisies par les entrepreneurs de moissonnage à forfait; mais elle vient s'offrir pour faire UN TRAVAIL EXCELLENT dans une foule de cas où l'on trouve trop coûteux d'avoir de grandes machines et où l'on n'a pas les attelages nécessaires pour bien faire marcher ces dernières; et quoique nouvelle, son mérite est déjà reconnu, car beaucoup d'agriculteurs en ont fait l'acquisition en 1877, et les services qu'elle a déjà rendus l'ont fait fort remarquer parmi les instruments récents.

PRIX :

Avec deux Lames . . . . 750 fr.
Chaque Lame, en plus. . . . . 30 »

MOISSONNEUSE ANSON WOOD

Cette moissonneuse, qui paraît maintenant pour la première fois dans son état actuel, est présentée par le constructeur, M. Anson Wood, comme le meilleur type des moissonneuses américaines. Ne pesant que 500 kilos, elle est **UNE DES PLUS LÉGÈRES** en poids, et par son mécanisme elle sera une des moins lourdes de traction.

Les râteaux sont parfaitement mobiles et, par un mouvement très-ingénieux, deviennent instantanément rabatteurs *et vice-versâ*, de sorte que la grosseur des javelles et la facilité, comme on dit, de **FAIRE LES COINS** est à la volonté du conducteur.

Pour les pays où on a besoin de conserver les chaumes longs, cette moissonneuse est supérieure à toutes les autres; **ELLE PEUT COUPER JUSQU'A 40 CENTIMÈTRES DE HAUTEUR.**

Le tablier est à charnière et se lève aussi facilement que celui des faucheuses, avantage inappréciable pour voyager sur les routes étroites.

Les matériaux employés sont de premier choix; la qualité supérieure des fontes, notamment, a permis de faire les pièces légères et solides.

PRIX :

Avec deux lames. . . . . 1,000 fr.
Chaque lame en plus. . . . . 35 »

MOISSONNEUSE OMNIUM

Dès son apparition en France, en 1873, la moissonneuse Omnium a conquis une des places les plus marquantes parmi les meilleures machines de ce genre, et n'a cessé, depuis, de confirmer ce premier succès.

Son mécanisme, d'une grande simplicité, est très-vite compris par les cultivateurs. Avec un peu d'habitude, ils arrivent facilement à la démonter et à la remonter, soit pour en faire le nettoyage, soit pour remplacer une pièce hors de service. Cette extrême simplicité, jointe à la qualité excellente des matières premières qui entrent dans sa fabrication, en font UNE MOISSON-NEUSE DES PLUS SOLIDES ET LUI ASSURENT UN USAGE TRÈS-LONG.

De plus, la savante combinaison de tous ses mouvements ne laisse subsister aucune espèce de trépidation et en rend la marche régulière. Aussi est-elle recherchée par un grand nombre d'agriculteurs, surtout dans LES CONTRÉES OU LES BLÉS SONT HAUTS ET LES RÉCOLTES TRÈS-FORTES. Dans le nord de la France, par exemple, elle est particulièrement appréciée.

De son siége, le conducteur règle facilement la hauteur de la barre et du tablier. Il peut également faire la javelle de la grosseur voulue et la déposer dans les tournants, de façon à ce qu'elle ne soit pas piétinée par les chevaux.

Avec un seul attelage, on peut moissonner 5 hectares par journée de 10 heures de travail.

MOISSONNEUSE OMNIUM

SOLIDITÉ

La première qualité d'une bonne machine agricole est, sans contredit, la solidité, car, en outre des frais occasionnés par de fréquentes réparations, le préjudice matériel est considérable lorsque la machine vient à manquer au moment où elle serait le plus nécessaire, aussi les constructeurs de l'*Omnium* se sont-ils appliqués à donner à cette machine une solidité à toute épreuve.

TRACTION

La traction est d'une grande légèreté, et, par suite d'une disposition nouvelle des palonniers, elle se fait d'une manière égale et régulière.

Avec un attelage de deux chevaux ou de deux bœufs, on peut couper et javeler *cinq hectares par jour*, et *jusqu'à sept hectares* avec deux attelages.

TRAVAIL

La hauteur de la coupe peut être changée très-rapidement et très-facilement. Le conducteur peut, au moyen d'un levier et sans quitter son siège, régler l'inclinaison des doigts, ce qui lui permet de FRANCHIR LES RIGOLES sans difficulté et D'ÉVITER TOUS LES OBSTACLES.

RATEAUX

Une disposition d'une grande simplicité permet de débrayer instantanément l'un ou l'autre des râteaux, de sorte que l'on peut faire la JAVELLE DE LA GROSSEUR VOULUE et la décharger de la plate-forme ou l'y retenir à la volonté du conducteur. Cet avantage est d'une grande utilité quand on arrive AU BOUT DU CHAMP; il permet de retenir la javelle sur le tablier pour la déposer plus loin, de manière qu'elle ne soit PAS PIÉTINÉE PAR LES CHEVAUX DANS LES TOURNANTS.

ROUE DE COTÉ

La roue de côté fixe est remplacée par une roue articulée qui permet de tourner et de reculer à volonté sans labourer la terre.

GRAISSAGE

Pour préserver les godets à huile de la poussière qui pourrait y rentrer et enrayer le mouvement des arbres, les trous sont munis d'un couvercle à ressort qui a pour effet d'empêcher complétement la poussière d'y pénétrer.

Il est indispensable de se servir d'huile de première qualité.

AVEC DEUX LAMES
Prix : 1,0 francs.
CHAQUE LAME, en pl . . . . 35 fr.

IL EST DE LA PLUS GRANDE IMPORTANCE DE SE FAIRE INSCRIRE D'AVANCE, POUR QUE LES EXPÉDI SOIENT FAITES EN TEMPS UTILE & QUE LES MACHINES SOIENT MONTÉES & EXPÉDIÉES AVEC SOIN.

Nota. — Les frais de mise en train, comprenant le voyage du Méc., sa nourriture et son logement, sont à la charge de l'acquéreur.

MOISSONNEUSE-LIEUSE WOOD

ANS les machines à moissonner ordinaires, lorsque les tiges des céréales ont été coupées et rabattues sur le tablier un râteau les rassemble et les jette sur le côté de la machine, en forme de javelle. Il faut alors que les ouvriers viennen les prendre sur le terrain et en faire le liage. M. Wood, dont les machines à moissonner sont maintenant hautemer estimées dans les deux mondes, a inventé un mécanisme annexé à ces machines et qui PERMET DI SUPPRIMER LA MAIN-D'ŒUVRE DU LIAGE. Par sa nouvelle machine lieuse, les gerbes sont déposé sur le champ moissonné, de telle sorte que les chariots n'ont plus qu'à venir les ramasser pour les transporter dans les grenie ou dans l'emplacement des meules.

Les machines lieuses ne diffèrent des machines à moissonner ordinaires que par la suppression des râteaux, la modification d fond du tablier et l'adjonction du mécanisme lieur.

Le mécanisme lieur est placé du côté opposé au tablier et à la scie; il fait, en quelque sorte, équilibre au systèn coupeur et ramasseur.

Le fond du tablier est constitué par une toile sans fin, maintenue à ses deux extrémités par des rouleaux.

La toile sans fin entraîne les tiges coupées sur le bord inférieur d'un plan incliné; celui-ci est formé par un lattis sans fin mur de pointes, qui se meut de bas en haut. Les pointes du lattis enlèvent les tiges et les font monter le long du plan incliné, sur lequ elles sont maintenues d'ailleurs par une série de tringles en fer parallèles à celui-ci.

Les tiges, parvenues au haut du plan incliné, retombent sur un deuxième tablier concave, et elles sont alors saisies par l'appare lieur proprement dit.

VUE DE L'APPAREIL LIEUR

L'appareil lieur se compose d'un bras recourbé formé de deux parties articulées, douées, dans un plan vertical, d'un mouvement de va-et-vient circulaire, qui assure le serrage des tiges en gerbe, et le dégagement de la gerbe, une fois formée. Le bec supérieur du bras recourbé est évidé, de manière à porter un petit taquet qui, par sa rencontre avec une crémaillère placée dans une rainure pratiquée sur le tablier, sert à la fois à couper le fil qui lie la gerbe et à le retenir à l'extrémité du bras.

Le bras supérieur s'abaisse quand le tablier est chargé de tiges et serre celles-ci entre lui et le bras inférieur; quand la course est achevée, le taquet de l'extrémité du bras saisit, avec la crémaillère, le fil venant de la bobine, le tord et le coupe.

Le bras se relève, la gerbe est dégagée et elle est repoussée par terre sur le côté de la machine. Le fil de fer est de nouveau déroulé par le bras qui se relève, et l'opération recommence.

Le système a été successivement perfectionné par MM. Wood, pour permettre de faire le liage à la place la plus convenable, suivant la hauteur de la céréale, et aussi pour donner à la gerbe, selon les usages locaux, UNE GROSSEUR PLUS OU MOINS CONSIDÉRABLE.

Le conducteur n'a qu'à faire agir une pédale ou un levier, QU'IL MANŒUVRE DE SON SIÉGE SANS AUCUNE DIFFICULTÉ, pour obtenir ce résultat.

La machine est donc parfaite, dans toutes les circonstances où l'on ne veut pas que les gerbes restent étalées sur le sol.

PRIX :

Moissonneuse lieuse avec deux lames.	2,000 fr.
Chaque lame, en plus.	40 »
Bobine de fil d'acier.	14 »

MEULES A AIGUISER
LES LAMES DES
MACHINES A FAUCHER & A MOISSONNER

Il est indispensable à tout cultivateur qui possède soit une faucheuse soit une moissonneuse, d'avoir une meule pour l'aiguisage de ses lames. Cette opération se fait du reste BEAUCOUP MIEUX & PLUS VIVEMENT qu'avec la lime, dont l'inconvénient est de coûter très-cher et de s'user très-vite, car les sections de lame à affûter sont en acier d'une grande dureté. Aussi le prix d'achat d'une meule de 50 francs, par exemple, EST BIEN VITE RATTRAPÉ.

PRIX :

MEULE A MANIVELLE & A PÉDALE avec pierre américaine (grain très-fin). 50 fr.
 — A PÉDALE avec pierre française. . . . . 40 »
 — A MANIVELLE — — . . . . 35 »

ÉTAUX POUR L'AIGUISAGE DES LAMES A LA LIME

PRIX. . . . . 20 fr.

BATTEUSES & LOCOMOBILES GARRETT

ES Machines à vapeur locomobiles Garrett doivent être considérées comme occupant le premier rang parmi les plus perfectionnées; jointes aux machines à battre, également locomobiles des mêmes constructeurs, **ELLES CONS-TITUENT UN ENSEMBLE QUI NE REDOUTE AUCUNE RIVALITÉ.**

Les machines à battre se composent, comme on le sait, d'une table sur laquelle on étend les gerbes en long ou en travers, selon qu'on veut conserver ou briser la paille. Les poignées sont saisies entre un tambour batteur, qui tourne **AVEC UNE GRANDE VITÈSSE,** et un autre tambour qui est formé d'un demi-cylindre concentrique avec le batteur. Les épis sont égrenés dans cette opération, et la paille est enlevée sur des secoueurs et rejetée au dehors de la machine. Le grain passe dans un ventilateur qui le débarrasse de la balle et des menues pailles et est reporté ensuite dans une série de tarares, de cribleurs et de nettoyeurs qui le divisent en plusieurs qualités, et le rendent parfaitement propre et en état d'être immédiatement porté sur le marché ou **MÊME DE SERVIR POUR SEMENCE,** tant il peut être ainsi obtenu pur de toutes graines étrangères.

La machine locomobile exécute tout ce travail près des meules ou des greniers; elle va chercher la denrée à battre partout où elle se trouve et avec le moins de frais possible; elle sépare toutes ses parties en catégories distribuées par ordre de valeur.

Selon leurs dimensions et les dispositions de leurs mécanismes, les machines à battre font un travail plus ou moins rapide et plus ou moins parfait. Les machines les plus fortes conviennent aux très-grandes exploitations et doivent être choisies pour les pays où il importe de battre très-vite; elles peuvent servir aussi pour battre **SUCCESSIVEMENT LES MOISSONS DE PLUSIEURS EXPLOITATIONS,** et elles conviennent très-bien pour les entreprises de battage.

BATTEUSE "FD 7"

Ces machines sont d'une très-grande solidité. Quand elles travaillent, IL NE SE PRODUIT AUCUN ÉBRANLEMENT NI SECOUSSES, tandis que les trépidations de la plupart des machines ordinaires nuisent à la production d'un bon travail et diminuent considérablement la durée des batteuses.

Ces batteuses sont d'une extrême simplicité; toute complication a été soigneusement évitée. Le contre-batteur se règle avec une très-grande facilité pour s'adapter à toute espèce de battage. Un fort ventilateur est placé sur l'arbre du batteur, la paille n'est enfin nullement brisée.

La batteuse FD 7 a été construite tout spécialement pour les propriétaires d'exploitations moyennes qui veulent opérer leur battage eux-mêmes. C'est le type de la plus petite série des batteuses Garrett et elle peut être, au gré de l'acquéreur, livrée soit avec des roues en bois, soit avec des roues en fer.

PRIX :

BATTEUSE FD 7 avec élévateur de grain. . . . . 3,200 »
—   — sans élévateur de grain. . . . . 2,800 »

APPAREIL COMPLET

LOCOMOBILE 4 CHEVAUX ⎫
BATTEUSE FD 7. . . . . ⎬ . . . . 7,800 »
Courroie . . . . ⎭

LOCOMOBILE 6 CHEVAUX ⎫
BATTEUSE FD 7 . . . . ⎬ . . . . 9,000 »
Courroie . . . . ⎭

BATTEUSES "C"

La batteuse C est le type de la plus petite série des batteuses à grand travail de Garrett. Elle est employée par les grands propriétaires et les entrepreneurs de battage.

PRIX :

C.	Largeur, $1^m,05$.	Force, 4 chevaux.	Poids, 2,400 kil.,	. . . .	3,000 fr.
C. 1.	— $1^m,22$	— 5	— — 2,600 —	. . . .	3,300 »
C. 2.	— $1^m,38$	— 6	— — 3,000 —	. . . .	3,800 »
C. 3.	— $1^m,53$	— 8	— — 3,500 —	. . . .	4,200 »

BATTEUSES " B "

Les batteuses de cette série sont adoptées tout particulièrement, soit par les grands propriétaires, soit par les entrepreneurs de battage.

Elles sont d'une solidité à toute épreuve.

Le ventilateur placé sur l'arbre même du batteur EST D'UNE GRANDE PUISSANCE.

Les battes ont une forme toute nouvelle et brevetée, permettant un égrenage complet des épis cassés.

Les grains sortant de ces machines sont propres à être expédiés au marché.

PRIX :

LB.	Largeur,	1m,05.	Force,	5	chevaux.	Poids, 2,600 kil.	....	3,200 fr.
B.	—	1m,05	—	5	—	— 2,800 —	....	3,600 »
L.B. 1.	—	1m,22	—	5 à 6	—	— 3,000 —	....	3,600 »
B. 1.	—	1m,22	—	6	—	— 3,300 —	....	4,000 »
B. 2.	—	1m,38	—	8	—	— 3,600 —	....	4,200 »
B. 3.	—	1m,53	—	10	—	— 3,800 —	....	4,500 »

BROYEUR DE PAILLE

Dans les pays chauds où les animaux se nourrissent principalement de paille, le battage se faisait au moyen du rouleau ou avec les pieds des chevaux, afin que la paille soit brisée et rendue molle, c'est-à-dire propre à être donnée aux animaux. Depuis que le battage se fait à la machine, un appareil destiné à broyer la paille est devenu une nécessité. MM. Garrett en ont construit un qui s'adapte à leurs batteuses (voir le dessin ci-contre), et qui consiste en un rouleau garni de lames d'acier sur lequel la paille tombe à sa sortie des secoueurs.

ELLE Y EST PARFAITEMENT COUPÉE ET BROYÉE.

BATTEUSES "A"

Les machines de cette série sont les mêmes que celles de la série B, sauf qu'elles ont en plus un troisième vannage et un trieur divisant le grain en plusieurs qualités.

ELLES SONT ADOPTÉES SPÉCIALEMENT PAR LES ENTREPRENEURS DE BATTAGE.

Elles peuvent servir pour le battage, non-seulement du blé, mais encore de plusieurs autres grains, notamment pour le colza.

PRIX :

LA.	Largeur,	1^m,05.	Force, 5 chevaux.	Poids, 2,800 kil	3,600 fr.
A.	—	1^m,05	— 6	—	— 2,900 —	. . . .	3,800 »
A. 1.	—	1^m,22	— 6	—	— 3,000 —	. . . .	4,000 »
A. 2.	—	1^m,38	— 8	—	— 3,400 —	. . . .	4,700 »
A. 3.	—	1^m,53	— 10	—	— 3,700 —	. . . .	5,000 »

Ces machines sont les seules qui aient BIEN RÉUSSI A BATTRE LES BLÉS DURS DE L'ALGÉRIE, où elles ont un très-grand succès. Dans les départements de la France algérienne, la moisson se faisant dès les premiers jours de juin, on a le plus grand intérêt à battre très-vite et très-bien, pour expédier les grains nouveaux tout nettoyés en Europe avant que l'on puisse avoir les blés des départements du Midi, et à plus forte raison ceux du Centre et du Nord. C'est un grand avantage pour la métropole dans les années où les meules sont épuisées et les greniers vides, car on gagne ainsi six semaines ou deux mois de consommation; c'est aussi très-important pour les agriculteurs algériens, QUI PEUVENT PROFITER DES HAUTS PRIX.

Ces machines sont d'ailleurs telles que, selon que l'on égrène les gerbes étalées sur le tablier, soit dans le sens de la longueur, soit transversalement, elles rendent la paille brisée ou intacte, c'est-à-dire plus propre à la consommation immédiate dans les exploitations, ou plus convenable pour la conservation et le commerce.

Une brochure contenant des instructions pratiques détaillées sur l'emploi des Machines et les soins dont elles ont besoin, est fournie avec chaque Batteuse.

MACHINES LOCOMOBILES GARRETT

EPUIS vingt ans, les machines à vapeur, soit fixes, soit locomobiles sont devenues indispensables dans les exploitations rurales. Elles font fonctionner les machines à battre, les hache-paille, les coupe-racines, les instruments variés qui servent à la préparation de la nourriture du bétail, les pompes pour divers usages, les moulins, les pressoirs, les râperies des sucreries et des distilleries, les scies des scieries mécaniques, les broyeurs d'os ou de phosphates, etc.; elles sont enfin appliquées avec succès pour le labourage à vapeur.

Les locomobiles à vapeur participent des locomotives des chemins de fer par leur mode de construction, en ce qu'elles sont tubulaires pour augmenter la surface de chauffe. Elles sont munies d'ailleurs de tous les organes perfectionnés qui assurent **LA RÉGULARITÉ DES MOUVEMENTS & L'ÉCONOMIE DU COMBUSTIBLE.**

Les locomobiles de Garrett se distinguent entre toutes les machines à vapeur du même genre par des qualités spéciales que l'on peut ainsi résumer :

1º **CES MACHINES SONT TRÈS-TRANSPORTABLES**, ont les roues hautes et larges, ce qui assure leur mobilité et leur donne une légèreté relative qui n'a pas encore été réalisée d'une manière aussi complète;

2º Les matériaux employés à leur construction sont de première qualité, et notamment **LES CHAUDIÈRES SONT EN TOLE AU BOIS;**

3º Les principaux organes du mouvement sont disposés de manière à présenter un accès facile;

4º La chaudière est munie d'une soupape de sûreté inaltérable, qui empêche le chauffeur de faire monter la pression au-delà de celle autorisée par le timbre que porte la machine ;

5º La surface de chauffe est de 1m,50 à 1m,80 par cheval nominal, ce qui est une condition de la bonne utilisation du combustible;

6º La consommation est seulement de 2 kilos à 2 kilos 500 de houille par cheval et par heure;

7º Chaque machine est munie d'une disposition très-simple pour renverser la marche;

8º **LA FORCE EFFECTIVE EST PRÈS DU DOUBLE DE LA FORCE NOMINALE.**

PRIX :

FORCE NOMINALE A LA PRESSION DE 3 ATMOSPHÈRES	FORCE EFFECTIVE A LA PRESSION DE 5 ATMOSPHÈRES	POIDS	PRIX
4 chevaux, 1 cylindre.	7 chevaux.	2,400 kil.	5,000 fr.
5 — 1 —	8 —	2,600 —	5,600 —
6 — 1 —	10 —	3,000 —	6,200 —
8 — 1 —	14 —	3,800 —	7,200 —
10 — 1 —	18 —	4,500 —	8,500 —
10 — 2 —	18 —	4,800 —	9,200 —

ÉLÉVATEUR DE PAILLE

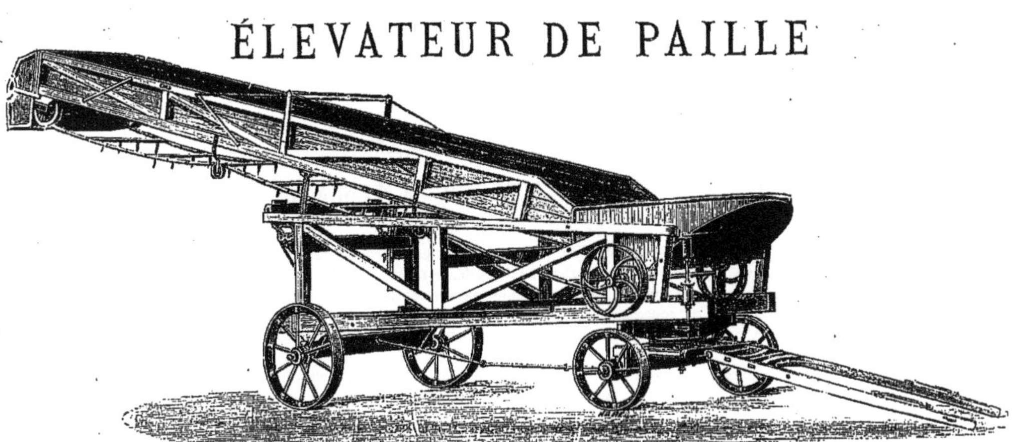

La demande toujours croissante des appareils économisant la main-d'œuvre a rendu l'élévateur un accessoire très-utile de la batteuse. Cet appareil n'emploie que très-peu de force, il prend la paille en sortant des secoueurs et **LA LIVRE A TOUTE HAUTEUR, JUSQU'A 6 MÈTRES & PLUS.** Il se compose d'une sorte de toile sans fin, munie de distance en distance de fourches qui saisissent la paille et la portent sur la place voulue, où les dents de fourche l'abandonnent pour venir se charger d'une nouvelle brassée.

L'élévateur est aussi très-utile pour la mise en meules des gerbes pendant la moisson, ou pour le déchargement et la mise en meules du foin et de tous les fourrages.

PRIX :

ÉLÉVATEUR DROIT, longueur, 6ᵐ, largeur, 1ᵐ,35 . . . . 1750 fr.
    —   —   6ᵐ,   —   1ᵐ,50 . . . . 1950 »
Pour travailler à tout angle, en plus . . . . 100 »
Pour chaque mètre de longueur, en plus. . . . . 125 »
ÉLÉVATEUR pour travailler à tout angle, pris séparément, en plus . . . . 140 »

TARARES

On sait que ces instruments sont destinés à séparer de leurs impuretés les graines provenant du battage. Ils se composent d'une trémie dans laquelle on verse le grain brut, de grilles et de tôles percées à moitié de trous plus ou moins grands, actionnée d'un mouvement de va-et-vient et soumis à l'action d'un ventilateur. Les corps légers sont enlevés par le courant d'air ; les grains de diverses grosseurs passent à travers les mailles ou les trous des grilles ou des tôles, de manière à tomber sur des plans inclinés, qui conduisent au dehors, d'un côté les mauvais grains, d'un autre côté le grain épuré.

PRIX :

V8. TARARE vannant seulement. . . 155 fr.
Th. P. 2. TARARE avec vent plus
    fort. Grille de 40 c/m. . . . . 245 »
Th. P. 4. TARARE. Grille de 35c/m . 300 »
Th. P. 5. — débourreur. Grille de 46c/m. 340 »
VI. TARARE trieur, nettoyant toute
    espèce de graines, servant également
    à la ventilation et au triage des ca-
    fés et cacaos . . . . 265 »
Chaque cylindre, en plus. . . . . . . , ... 30 »

PRÉPARATION

DE LA NOURRITURE DES ANIMAUX

'AVANTAGE qu'il y a à faire subir aux aliments destinés aux animaux domestiques diverses préparations préalables est universellement admis. Ces préparations consistent principalement dans la division, l'écrasement, la pulvérisation. Ces opérations s'effectuent par des coupe-racines, des dépulpeurs, des concasseurs. Il est bien reconnu qu'avec la même quantité d'aliments découpés ou concassés ON PEUT NOURRIR UN BIEN PLUS GRAND NOMBRE DE TÊTES, et que les animaux ainsi nourris s'engraissent plus vite qu'avec tout autre système.

Afin d'obtenir tout l'effet désirable, on doit mélanger avec de la paille hachée les racines découpées ou réduites à l'état de pulpe et souvent les matières farineuses; on laisse fermenter le mélange durant vingt-quatre heures avant de s'en servir pour les bœufs et les moutons; mais pour les chevaux, il est préférable de donner à l'état frais la pulpe, la paille et les grains concassés ou aplatis.

Pour mettre ces principes en pratique, il a fallu inventer des machines et des appareils divers qui constituent désormais LE MATÉRIEL D'INTÉRIEUR DE TOUTES LES FERMES BIEN TENUES: hache-paille, coupe-racines, concasseurs ou aplatisseurs de grains, appareils à cuire, etc.

HACHE-PAILLE

Les hache-paille sont maintenant répandus partout et rendent de grands services. L'emploi de la paille coupée ou hachée offre une économie importante et une amélioration sérieuse dans la nourriture des bestiaux. Son mélange avec l'avoine empêche les chevaux de devenir poussifs et leur facilite les longues courses.

Depuis quelques années, on se sert aussi des hache-paille pour couper le maïs vert que l'on veut ensiler afin de remplacer en partie les fourrages pendant l'hiver. Cette méthode présente des avantages qui n'ont pas tardé à être reconnus.

Th. P. 1.

HACHE-PAILLE A BRAS

Ces machines sont SIMPLES et SOLIDES. Elles sont montées sur bâti en fonte et munies de cylindres alimentaires.

PRIX :

Th. P. O. Petit HACHE-PAILLE à bras, pouvant débiter *60 kil.* à l'heure. . . . . 75 fr.

Th. P. 1. Petit HACHE-PAILLE à bras, monté sur quatre pieds, pouvant débiter *80 kil.* à l'heure. . 85 »

HACHE-PAILLE A BRAS

Cet instrument, également à bras, est muni d'une bouche mobile qui, au moyen d'un contre-poids, comprime fortement la paille et permet d'en faire passer plus ou moins à la fois, suivant les besoins du travail.

Les engrenages sont complétement à couvert et permettent de couper deux longueurs différentes.

PRIX :

Th. P. 1B. HACHE-PAILLE avec bouche mobile, pouvant débiter *125 kil.* à l'heure et coupant deux longueurs . . . . 140 fr.

Le même instrument avec volant plus lourd . . . . 150 »

Th. P. 1B.

HACHE-PAILLE A BRAS OU A MANÉGE

Th. P. 3.

Ces machines sont d'une construction plus forte que les précédentes, de manière à obéir à une force motrice assez puissante et à faire beaucoup d'ouvrage tout en étant aussi faciles à faire fonctionner à bras.

PRIX :

Th. P. 2. HACHE-PAILLE avec bouche mobile, pouvant débiter *160 kil.* à bras, et à manége, environ *le double* 185 fr.

Th. P. 3. HACHE-PAILLE un peu plus fort que le précédent, avec bouche mobile et désembrayage, coupant trois longueurs et pouvant débiter *180 kil.* à bras, et *300 kil.* à manége . . . . . . 220 »

Poulies, en plus. . . . . 10 à 15 fr.

HACHE-PAILLE & HACHE-MAIS

Ces instruments, offerts au public agricole pour hacher la paille en grand travail et pour couper le maïs vert que l'on se propose d'ensiler, se distinguent par leur solidité à toute épreuve, et ils sont établis pour QUE LE VOLANT PUISSE PRENDRE UNE GRANDE VITESSE, ce qui en augmente beaucoup le débit et assure en même temps la qualité des produits; la longueur des brins coupés est d'une régularité remarquable, et toujours telle qu'on l'a voulu obtenir en réglant la machine. Les coussinets sont en bronze, ce qui évite l'usure trop rapide, malgré la vitesse des rouleaux.

Ces hache-paille ou hache-maïs sont destinés à être mus par un manége ou par une machine à vapeur, et ils présentent cet avantage que, s'il arrive qu'il soit nécessaire, pour un motif quelconque, d'arrêter la coupe, ON PEUT LE FAIRE INSTANTANÉMENT, sans arrêter le moteur; on peut aussi, en marche, modifier la longueur de la coupe; il suffit pour cela de manœuvrer des leviers que l'ouvrier engreneur a sous la main, et avec lesquels il peut renverser le mouvement des cylindres, ou changer le rapport de leur vitesse avec celle du volant. Ces dispositions ÉVITENT BEAUCOUP DE PERTE DE TEMPS, elles sont même indispensables pour marcher à la vapeur et pour obtenir les grands rendements que l'on demande dans les ensilages, ou pour la préparation de la nourriture d'un nombreux bétail.

PRIX :

Th. P. 4.	Hache-Paille débitant	700 kil. de paille, et	1,200 kil. de maïs à l'heure.	Poids,	275 kil.	350 fr.
Th. P. 5.	—	—	800 »	—	1,400 »	—	—	—	300 »	410 »
Th. P. 6.	—	—	1,000 »	—	1,700 »	—	—	—	400 »	500 »
Th. P. 7.	—	—	1,500 »	—	2,600 »	—	—	—	620 »	750 »

Ce dernier numéro, avec trois lames, comme la gravure ci-dessus. . . . . 800 »
Le numéro 4 est muni d'une poulie; les numéros 5, 6 et 7, de deux poulies.

COUPE-LITIÈRE

L'emploi de la paille coupée comme litière offre beaucoup moins de perte que le procédé qui consiste à s'en servir dans toute sa longueur. En outre, la litière se transforme beaucoup plus vite en fumier; ces instruments, qui sont disposés de façon à pouvoir être mus soit à bras, soit à vapeur, peuvent couper la paille depuis 2 jusqu'à 15 centimètres.

PRIX :

Th. P. 3.	310 fr.
Th. P. 4.	440 »
Poulies, en plus.	16 »

CONCASSEURS & APLATISSEURS DE GRAINS

Ces appareils se composent en général de deux cylindres horizontaux, présentant des cannelures plus ou moins profondes et qui tournent en sens contraire au-dessous d'une trémie qui reçoit le grain. Le produit tombe intérieurement en s'écoulant par un conduit dans un sac, une caisse ou un panier. On se propose, avec ces instruments, d'écraser ou aplatir l'avoine, de concasser les fèves, féveroles ou autres grains un peu durs.

CONCASSEURS

Il est bien reconnu que du grain concassé est plus nourrissant et par conséquent plus économique que du grain naturel; le travail de la mastication est ainsi préparé et aucun grain ne lui échappe.

L'avoine donnée à manger non concassée s'avale souvent sans mastication, surtout chez les bêtes un peu âgées, ce qui rend la nourriture de bien peu ou de nulle valeur pour l'animal. Mais quand le grain est concassé, il peut être donné à manger avec la certitude qu'il rendra service. La mastication et la digestion de la nourriture sont grandement facilitées et toutes les fonctions de l'organisme sont beaucoup aidées par ce procédé.

Il faut s'abstenir de moudre en gruau ou en farine, ce qui donnerait lieu à des empâtements nuisibles à une bonne digestion; il faut laisser encore un travail à faire aux animaux.

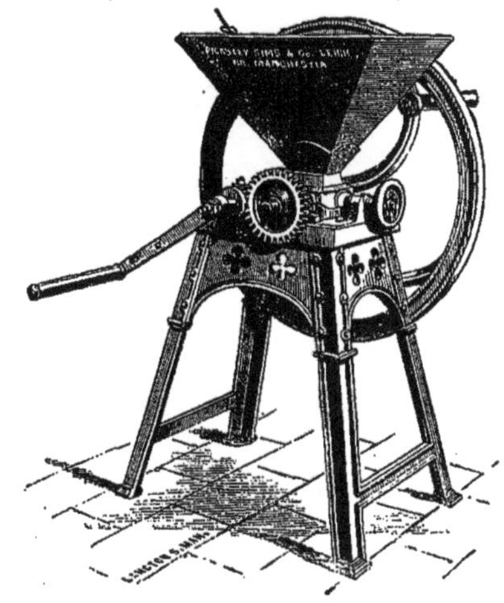

Th. P. 6.

CONCASSEURS DE GRAINS

PRIX :

Th. P. 1. Concasseur à bras, monté sur colonne, débitant *70 litres* à l'heure. . . 115 fr.

Th. P. 6. Concasseur à bras, monté sur bâti, avec cylindres en acier se réglant à volonté, débitant *150 litres* à l'heure . . 170 »

Th. P. 7. Concasseur du même modèle, mais pouvant être mû *par manége,* débitant *250 litres* à l'heure. . . .. 250 »

Th. P. 8. Concasseur à manége, débitant *700 litres* à l'heure, avec une poulie. 340 »

Th. P. 9. Concasseur de fort modèle, débitant *1,200 litres* à l'heure, avec deux poulies. . . . . 440 »

Th. P. 10. Concasseur de très-fort modèle, débitant *1,600 litres* à l'heure, avec deux poulies. . . . . 600 »

APLATISSEURS

Ces machines ont le même but que les concasseurs, c'est-à-dire de rendre les grains plus facilement digestibles pour les animaux; mais au lieu de casser la graine, *elles l'aplatissent*, de manière à nourrir sans engraisser.

Il a été constaté par plusieurs essais très-concluants que l'ÉCONOMIE obtenue en employant l'avoine aplatie et la paille hachée pour la nourriture des chevaux, est au moins 35 CENTIMES par cheval, par jour, et encore que les chevaux ainsi nourris sont en meilleur état que ceux nourris avec l'avoine entière et le foin.

Elles peuvent aussi servir à réduire le malt et la graine de lin, ou les autres graines oléagineuses en farine, et sont beaucoup employées dans les huileries et les brasseries.

PRIX :

APLATISSEURS

Th. P. 3, A BRAS.	Débit, *70 litres* à l'heure.	. . . .	180 fr.
Th. P. 4, —	— 100 —	—	240 »
Th. P. 2, A MANÉGE.	— 200 —	—	350 »
Th. P. 1, A VAPEUR.	— 800 —	—	580 »
Th. P. A1, —	— —	—	800 »

Le N° 2 est muni d'une poulie et le N° 1 de deux poulies.

APLATISSEURS
AVEC CONCASSEURS DE FÉVEROLES

Th. P. 3 A, A BRAS.	Débit, *70 litres* à l'heure.	. . . .	215 fr.
Th. P. 4. A, —	— 100 —	—	300 »
Th. P. 2 A, A MANÉGE.	— 200 —	—	430 »
Th. P. 1 A, A VAPEUR.	— 800 —	—	680 »

Le N° 2 est muni d'une poulie et le N° 1 de deux poulies.

ÉBARBEUSE D'ORGE

Les barbes de l'orge s'opposent à ce que ce grain puisse être directement employé dans l'alimentation; elles sont tout au moins inutiles lorsqu'on veut le faire germer pour en faire du malt.

La machine ci-contre est très-simple et peut être manœuvrée par un homme. Elle consiste en une enveloppe cannelée en fonte, dans laquelle tourne un arbre garni de lames en acier et disposé en hélice, de manière que, quoique l'enveloppe ne soit nullement inclinée, les lames conduisent l'orge d'un bout à l'autre de la sortie, où elle arrive PARFAITEMENT ÉBARBÉE.

PRIX :

Un seul homme peut obtenir un débit de *2,000 litres* à l'heure. 180 fr.
Poulie pour faire marcher par transmission, en plus . . . . . .

COUPE-RACINES

A DISQUES

Les coupe-racines employés pour les betteraves, les turneps, etc., doivent couper en larges tranches pour les bœufs et les chevaux, en cossettes pour les moutons; c'est pourquoi ils sont souvent à double effet, c'est-à-dire qu'on obtient l'un ou l'autre résultat facilement, suivant qu'on tourne dans un sens ou dans l'autre.

Ces instruments se composent de couteaux qui sont placés sur un volant ou disque, les racines sont jetées dans une trémie, d'où elles tombent sous les couteaux; les morceaux s'échappent par le bas de l'instrument.

PRIX :

Th. P. 2. Coupant en tranches pour les bestiaux, et en cossettes pour les moutons . . . . . . 125 fr.

Th. P. 2. Même instrument, mais ne coupant qu'en tranches. . . . . 115 »

VÉRITABLE COUPE-RACINES

GARDNER

Cette machine a été beaucoup améliorée depuis quelque temps, et peut être offerte en toute confiance. Le corps de la machine est en fonte, et solidement posé sur un bâti en bois. Le cylindre peut être fait à double action, de manière à fournir soit des cossettes pour les moutons, soit des tranches pour les bœufs et les vaches.

PRIX :

Th. P. 3. Machine à simple effet, pour moutons . . . . . . 145 fr.
Th. P. 4.   —   double   —   — et bœufs. 180 »
Poids, *150 kilos*. Débit, *2,000 kilos* à l'heure.
Poulies, en plus.. . . . . 15 à 20 »
Boîtes et roues pour le travail des champs, en plus. . . . . 20 »

DÉPULPEURS
A CYLINDRE

La gravure ci-contre représente un dépulpeur à cylindre. Le corps de la machine est solidement boulonné sur un bâti en bois. Un cylindre en fonte, garni de petites lames en acier, a pour effet de **DÉCHIRER** ou de **RENDRE EN PULPE**, pendant sa rotation, les **RACINES** qui sont jetées contre sa surface dans la trémie supérieure. La machine est munie d'une vis sans fin qui nettoie le cylindre, au fur et à mesure qu'il tourne au moyen d'une manivelle; la continuité du mouvement est assurée par l'action d'un volant.

Th. P. 1. DÉPULPEUR A BRAS,			pouvant couper *200 kil.* à l'heure. Poids, *110 kil.*					115 fr.
Th. P. 2.	—	—	—	—	350 —	—	— 160 —	170 »
Th. P. 3.	—	— ou A MANÉGE,	—	—	600 —	—	— 190 —	200 »
Th. P. 4.	—	A VAPEUR,	—	—	2,000 —	—	— 250 —	260 »

Les Nᵒˢ 3 et 4 sont munis d'une poulie.

DÉPULPEURS A DISQUE

Ces machines diffèrent des dépulpeurs à cylindre en ce que le volant lui-même est garni de lames en acier, que l'on peut régler pour couper plus ou moins fin. Les racines sont ainsi réduites en **petites lanières**.

PRIX :

Th. P. 21. Dépulpeur à bras, pouvant couper *200 kil.* à l'heure. Poids, *110 kil.* . . . . . 120 fr.

Th. P. 22. Dépulpeur à bras ou à manége, pouvant couper *400 kil.* à l'heure. Poids, *150 kil.* . . . . 160 »

Nota. — L'avantage qu'il y a à dépulper les racines est universellement admis, et il est bien reconnu qu'avec la même quantité de racines dépulpées on peut nourrir un bien plus grand nombre de têtes, et que les animaux ainsi nourris s'engraissent bien plus vite qu'avec tout autre système.

Afin d'obtenir tout l'effet désirable, on doit mélanger la pulpe obtenue par le dépulpeur avec de la paille hachée ; on laisse fermenter le mélange durant vingt-quatre heures avant de s'en servir pour les bœufs et les moutons; mais pour les chevaux, il est préférable de donner la pulpe et la paille toutes fraîches.

Pour les bêtes de travail, il convient d'employer une plus grande proportion de paille hachée; mais, pour l'engraissement, une plus grande proportion de pulpe est au contraire avantageuse.

COUPE-RACINES POUR PETITE CULTURE

Ces instruments ont été fabriqués spécialement pour donner satisfaction aux besoins de la petite culture. Les couteaux sont fixés sur un disque mobile, au moyen de boulons, et peuvent être déplacés à volonté, de manière à couper plus ou moins fin. L'instrument est solidement fixé sur un bâti en bois.

PRIX :

Th. P. 1L. Coupe-Racines à disque plat, à 4 lames. . . . . . . 40 fr.
Th. P. 2L.   —   —   —   —   4   —   . . . . . 50 »
Th. P. 3L.   —   —   —   —   4   —   . . . . . 65 »
Th. P. 4L.   —   —   —   —   4   —   . . . . . 75 »
Th. P. 5L.   —   —   —   —   6   —   . . . . . 110 »
Th. P. 6L.   —   —   à cône,   4   —   . . . . . 65 »
Th. P. 7L.   —   —   —   4   —   . . . . . 80 »
Th. P. 8L.   —   —   —   6   —   . . . . . 95 »
Th. P. 9L.   —   —   —   6   —   . . . . . 110 »

CONCASSEURS DE GRAINS

Ces concasseurs sont munis de cylindres en fer trempé, et taillés de façon à former une suite de petites pyramides qui, par la position des cylindres, se croisent sans se toucher.

Le règlement des rouleaux est des plus faciles, leur plus ou moins de rapprochement s'obtenant par un mouvement de vis extrêmement sensible.

Cet instrument fait un travail parfait.

PRIX :

Th. P. 1L. Concasseur à bras, monté sur 4 pieds . . . . . 85 fr.
Th. P. 2L. Concassᵣ à bras ou à manége, monté sur 4 pᵈˢ. 160 »
Th. P. 3L.   —   —   —   —   4 — 210 »
Th. P. 4L.   —   à manége,   —   4 — 300 »

FOURNEAUX ÉCONOMIQUES

Ces fourneaux, destinés à la cuisson des aliments ou à la production d'eau bouillante, sont indispensables dans les petites comme dans les grandes exploitations; ils se recommandent par une économie de temps et de combustible de 70 % sur les fourneaux en usage jusqu'à ce jour. Le retour de flamme explique cette économie. Après avoir chauffé le fond de la chaudière, la flamme en chauffe la circonférence; ainsi concentrée, elle est toute utilisée en dedans du fourneau, elle n'en chauffe même pas la cheminée.

Ces appareils peuvent être employés aussi avantageusement pour faire les lessives, pour les bains, dans les lavoirs publics, fonderies de suifs, etc. On peut y brûler indistinctement le bois, la houille ou la tourbe.

PRIX :

Th. P. 3. Fourneau contenant 40 litres. . . . . . 60 fr.
Th. P. 4.   —   —   50   —   . . . . . 70 »
Th. P. 5.   —   —   60   —   . . . . . 80 »
Ph. P. 6.   —   —   80   —   . . . . . 95 »
Th. P. 7.   —   —   100 —   . . . . . 115 »
Th. P. 8.   —   —   120 —   . . . . . 135 »
Th. P. 9.   —   —   150 —   . . . . . 170 »
Th P. 10.   —   —   200 —   . . . . . 200 »

Nettoyer le retour de flamme fréquemment.

LAVEURS DE RACINES CROSSKILL

Les racines, telles que : betteraves, navets, carottes, panais, ou bien encore les tubercules, tels que : pommes de terre et topinambours, sont le plus souvent recouverts d'une quantité plus ou moins forte de terre arable, qu'il convient de ne pas laisser lorsqu'on les donne en consommation au bétail, car ces matières étrangères surchargent les intestins et sont souvent cause de graves maladies. On doit enlever la terre adhérente, soit au couteau, soit par un lavage dans un baquet, soit mieux encore par un lavage mécanique.

La gravure ci-dessus représente un laveur pour betteraves, carottes, pommes de terre, etc. Il consiste en une vis d'Archimède entourée d'un cylindre à claire-voie et baigné dans un bac rempli d'eau. Les racines sont mises dans la trémie et tombent dans le cylindre, qui a un mouvement à double effet ; c'est-à-dire qu'en tournant d'un sens les racines se trouvent lavées ; en tournant de l'autre sens le cylindre se vide.

LAVEUR Th. P. 1. Longueur, 1ᵐ, »   Diamètre, 53 °/ₘ . . . . 220 fr.
   —   Th. P. 2.   —   1ᵐ, »   —   58 » . . . . 240 »
          Th. P. 8.   —   1ᵐ,20   —   75 » . . . . 320 »

AUGES A PORCS

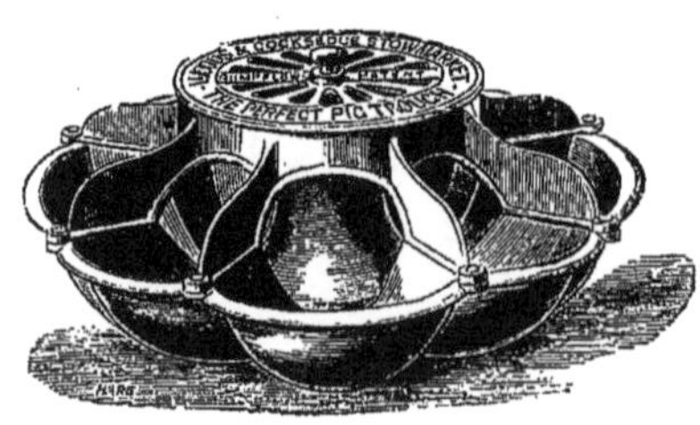

Cette auge, destinée à présenter aux porcs leur nourriture, de manière à ce qu'ils puissent manger sans se nuire réciproquement, offre de grands avantages sur toutes les autres. Elle est circulaire et divisée en plusieurs compartiments, de sorte que les porcs mangent tranquillement et ne peuvent se mordre. Le rebord de chaque compartiment est arrondi, de manière à augmenter la solidité et à empêcher les porcs de se blesser. A cause de sa forme particulière, les animaux ne peuvent y mettre les pieds.

PRIX :

Rondes, pour 10 porcelets. . 27 fr. | Demi-rondes, pʳ 5 porcelets. 22 fr.
   —   —   8 porcs. . . . 46 » | —   4 porcs. . . 34 »

APPAREILS A CUIRE A LA VAPEUR

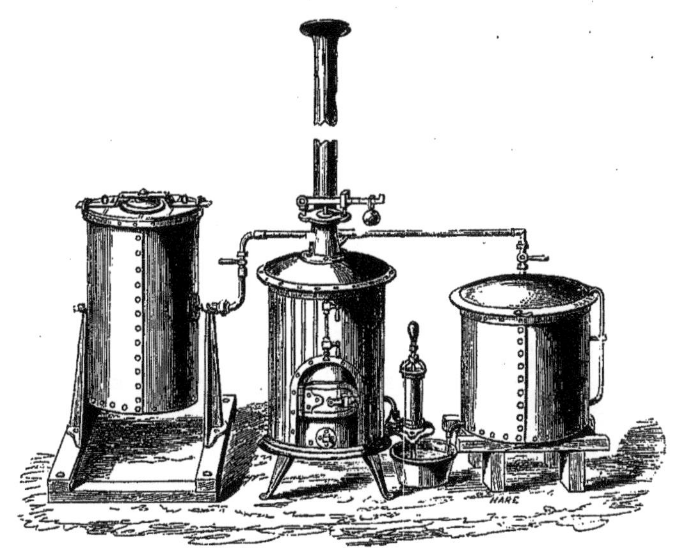

La gravure ci-dessus représente un des nouveaux appareils à cuire à la vapeur. Il consiste en un générateur à vape[ur], une marmite à bascule et une cuve. Le générateur est muni de soupape de sûreté, pompe alimentaire et robinets de niveau d'eau, p[our] qu'on puisse surveiller l'approvisionnement des cuves, etc. Le foyer présente une très-grande surface de chauffe, et, par conséquent, [la] vapeur se forme très-vivement et on peut consommer toute espèce de combustible.

La marmite à bascule est en fer galvanisé ; elle est supportée sur deux pieds en fonte et peut être basculée pour la vider qua[nd] les racines sont cuites. La cuve est aussi en fer galvanisé, et a une double enveloppe, dans laquelle passe la vapeur. Le chauffage [de] cet appareil coûte de 10 à 15 centimes à l'heure.

PRIX :

Th. P. 4.	Générateur à vapeur, avec marmite à bascule de 324 litres et cuve de 270 litres. Poids, 550 kil.								970 fr.
Th. P. 5.	—	—	—	—	—	216 —	—	180 —	— 450 —	750 »
Th. P. 6.	—	—	sans marmite à bascule, avec 2 cuves de 180 litres . . .	— 450 —	800 »
Th. P. 7.	—	—	avec 2 marmites à bascule de 216 litres, sans cuve . . .	— 450 —	750 »
Th. P. 8.	—	—	sans marmite à bascule, avec 1 cuve de 180 litres . . .	— 350 —	600 »
Th. P. 9.	—	—	avec 1 marmite à bascule de 216 litres, sans cuve. . . .	— 350 —	500 »
Th. P. 10.	—	—	—	—	144 —	—	. . .	— 300 —	510 »

Garniture en bois pour le générateur N° 4, en plus. . . . . 60 »

—   —   —   N° 5,   —   . . . . 45 »

Générateur N° 4. . . . . 510 »

—   N° 5. . . . . 400 »

Marmite à bascule de 216 litres pour appliquer à un générateur quelconque . . . . 185 »

—   —   324   —   —   —   —   . . . . 240 »

—   —   432   —   —   —   —   . . . . 380 »

Cuve de 180 litres pour appliquer à un générateur quelconque. . . . . 225 »

—   270   —   —   —   —   . . . . 275 »

—   450   —   —   —   —   . . . . 435 »

Tuyaux de raccords & robinets suivant dimensions.

CONCASSEURS DE TOURTEAUX

Les tourteaux de graines oléagineuses, lin, colza, cameline, arachide, coton, etc., résidus de l'extraction de l'huile, sont trop durs ou compacts pour être directement donnés comme aliment aux bestiaux : il faut les réduire en poudre ou les concasser en petits fragments; c'est ce que l'on obtient en les faisant passer entre deux cylindres armés de grosses dents et mus par une manivelle, la continuité du mouvement étant assurée par un volant. Les instruments ci-contre, d'une fabrication très-soignée, font ce travail dans la perfection.

Th. P. 6.

PRIX :

Th. P. 2. A BRAS, muni de 2 cylindres mobiles. Débit, 110 kil. à l'heure. Poids, 90 kil . . . . 100 fr.

Th. P. 8. — muni de 2 cylindres mobiles. Débit, 150 kil. à l'heure. Poids, 100 kil. . . . . 120 »

Th. P. 6. — ou A MANÉGE. Débit, 500 kil. à l'heure. Muni de 2 cylindres supplémentaires pour concasser très-fin. Poids, 200 kil. . . . . . 250 »

CONCASSEURS DE TOURTEAUX
GRANDS MODÈLES

Ces instruments, spécialement construits pour être mus au moyen de la vapeur, sont exactement du même système que le numéro 6. Le bâti seul est différent, il est en bois au lieu d'être en fonte.

PRIX :

Th. P. 7. A VAPEUR, muni de 2 cylindres supplémentaires pour concasser très-fin. Débit, 1,500 kil. à l'heure. Poids, 450 kil. . . . . 525 fr.

Th. P. 8. — muni de 2 cylindres supplémentaires pour concasser très-fin. Débit, 4,000 kil. à l'heure . . . . 1,200 »

Th. P. 7.

MOULINS AMÉRICAINS

Ces moulins sont destinés à faire de la mouture pour bestiaux. Ils consistent en un cylindre en fonte blanche et contre-plaque qui est rapprochée ou écartée à volonté au m(d'une vis de pression. Le mouvement est pris directement l'arbre du cylindre.

PRIX :

Th. P. 5. MOULIN A MANÉGE, pour la force de 2 à 4 chevaux, pouvant moudre de 200 à à 400 litres à l'heure. Poids, 250 kil. . . . . 55(

Th. P. 4. MOULIN pour la force de 4 à 5 chevaux-vapeur, pouvant moudre de 400 à 600 litres à l'heure. Poids, 300 kil.. . 61(

Th. P. 3. MOULIN monté sur *bâti en fonte*, pour la force de 4 à 8 chevaux vapeur, pouvant moudre de 600 à 800 litres à l'heure. Poids, 450 kil. . . . . 75(

Th. P. 7. MOULIN sur *bâti en fonte* et sur *chariot à quatre roues*. Poids, 750 kil. . . . . 95(

BLUTOIR pour le Nº 7. . . . . . 31(

PETITS MOULINS A FARINE

Ces moulins sont d'une construction très-simple; ils sont montés avec bluterie, de manière à moudre et à bluter en une s opération; la farine est triée par qualité, et est aussi bonne que celle obtenue avec les meules en pierre. Les parties exposé l'usure sont aciérées et très-durables.

On peut faire fonctionner ces appareils à bras ou à manége, suivant leurs dimensions.

PRIX :

Th. P. 1. Débit,	8 litres à l'heure, triant en 2 qualités. . . .	215 fr.
Th. P. 2. —	9 —	—	—	3 —	235 »
Th. P. 3. —	10 —	—	— .	4 —	285 »
Th. P. 4. —	11 —	—	—	4 —	340 »

MOULINS MÊMES QUE LES PRÉCÉDENTS
MAIS SANS BLUTERIE

PRIX :

Th. P. 1. Débit à bras,	30 litres à l'heure.	145 fr.
Th. P. 2. —	—	40 —	—	190 »
Th. P. 3. —	—	50 —	—	245 »
Th. P. 4. —	—	70 —	—	295 »
Th. P. 5. — à vapeur,	100 —	—	410 »
Th. P. 7. —	—	160 —	—	675 »

Les Nᵒˢ 5 et 7 sont munis d'une poulie.

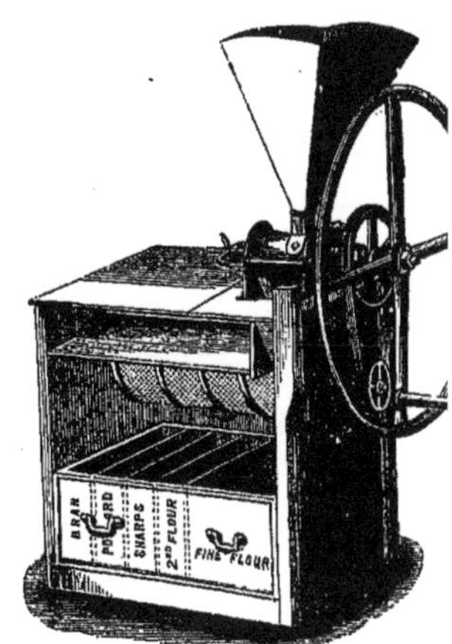

MOULINS A FARINE

Les moulins à farine ont été construits afin de donner aux agriculteurs munis d'un manége ou d'une force motrice quelconque la faculté de moudre eux-mêmes le grain nécessaire à la consommation de leur ferme, **SANS AVOIR RECOURS AUX MEUNIERS DE PROFESSION.**

Pour remplir ce but, les constructeurs sont non-seulement parvenus à produire un fort rendement de farine de première qualité, mais aussi à créer un instrument solide et durable, et qui, de toutes manières, peut lutter avantageusement avec les moulins ordinaires.

En Angleterre, leur succès est très-grand, car ils sont adoptés dans **PRESQUE TOUTES LES FERMES,** ainsi que dans les prisons et les maisons pénitentiaires où ils fonctionnent à bras. (Voir le dessin.)

En France, où ces instruments sont connus depuis quelques années seulement, leurs nombreux avantages et l'économie qu'ils procurent leur ont apporté chaque année une faveur plus grande. Ils ne tarderont donc pas à trouver place dans toutes les exploitations rurales, car leur nécessité se fait sentir depuis longtemps déjà.

PRIX :

Moulin avec pierres de 0^m,50. . . . . 880 fr.
   —   —   0 75. . . . . 1,575 »
   —   —   0 90. . . . . 2.190 »
   —   —   1 05. . . . . 2,729 »
   —   —   1 20. . . . . 3,385 »

MANÉGES

Les manéges sont des machines au moyen desquelles on transmet à des appareils divers la force motrice des animaux, tels que le cheval, le bœuf, la mule, l'âne, etc. Les animaux, attelés à l'extrémité d'un long bras de levier, font tourner en marchant dans une piste circulaire un arbre vertical concentrique, avec une grande roue dentée horizontale, qui communique par des engrenages convenables un mouvement suffisamment rapide, soit à une machine isolée, soit à un système de poulies, sur lesquelles on peut placer des courroies de renvoi qui transmettent la force motrice à tous les instruments dont le cultivateur peut avoir besoin dans son exploitation, soit pour préparer la nourriture des hommes et du bétail, soit pour pulvériser les engrais, pour préparer les matières à cuire, à faire fermenter, à distiller, soit enfin pour mettre en état commercial les denrées à porter sur le marché.

Le dessin ci-dessus représente trois instruments : dépulpeur, hache-paille et aplatisseur-concasseur mis en mouvement par un MANÉGE.

Ces manéges sont faits pour toute force, depuis UN ANE jusqu'à SIX CHEVAUX; ils n'occupent que TRÈS-PEU DE PLACE et sont TRÈS-SOLIDES ET TRÈS-SIMPLES.

PRIX :

Th. P. 1. PETIT MANÉGE, force d'*un âne*, ayant deux transmissions de mouvement sur le même bâti, disposé pour faire marcher une baratte ou un petit hache-paille. . . . . 225 fr.

Th. P. 2. PETIT MANÉGE pour la force d'*un bidet*, avec transmission de mouvement intermédiaire, pouvant faire marcher hache-paille, pompe, baratte, etc. . . . . . 320 »

Th. P. 3. MANÉGE de la force d'*un cheval*, avec transmission de mouvement intermédiaire, pouvant faire marcher aplatisseur, hache-paille, dépulpeur, etc. . . . . . 475 »

Th. P. 3B. Le même, disposé pour être mis en mouvement par *deux chevaux* . . . . 525 »

Th. P. 4. MANÉGE de la force de *deux chevaux*, avec transmission de mouvement intermédiaire. . . . . 600 »

Th. P. 5. FORT MANÉGE de la force de *trois chevaux*, avec transmission de mouvement intermédiaire. . . . . 850 »

Th. P. 6. FORT MANÉGE de la force de *quatre chevaux*, avec transmission de mouvement intermédiaire. . . . . 1,200 »

Les grandes roues dentées des Nos 5 et 6 sont faites par segments, de sorte que si une dent vient à se casser, il n'y a qu'une petite partie à remplacer.

Les Nos 2, 3, 3B et 4 sont munis d'une poulie.

BARATTES AMÉRICAINES

Ces barattes américaines, d'un prix peu élevé, doivent être placées parmi le. meilleurs instruments d'intérieur de ferme.

Le batteur, construit sur des données scientifiques, permet d'obtenir du beurre de qualité supérieure en moins de temps que par les autres systèmes connus jusqu'ici.

Elles sont fabriquées en bois de cèdre blanc et montées sur des pliants également en bois.

Le nettoyage est facilité par un couvercle mobile d'une grandeur qui permet de retirer le batteur.

PRIX :

Th. P. 1, contenant 20 litres	85 fr.		Th. P. 5, contenant 70 litres.	70 fr.
Th. P. 2, — 30 —	40 »		Th. P. 6, — 90 —	80 »
Th. P. 3, — 40 —	50 »		Th. P. 6, — 90 — avec 2 manivelles .	90 »
Th. P. 4, — 55 —	60 »		Th. P. 7, — 115 —	120 »

TONDEUSES DE GAZON AMÉRICAINES

Les gazons ne peuvent être maintenus bien drus et bien verts qu'à la condition d'être très-souvent tondus très-ras et bien uniformément. Ces soins journaliers ne peuvent leur être donnés qu'avec l'aide de machines.

La tondeuse de gazon est un accessoire indispensable dans un jardin où l'on tient à ce que le gazon soit toujours bien entretenu. Partout où l'on s'en sert, le terrain s'aplanit, L'HERBE DEVIENT ÉPAISSE ET SE CONSERVE TOUJOURS VERTE, même dans les grandes sécheresses.

La tondeuse américaine coupe le gazon d'une façon irréprochable. Elle est surtout remarquable par son extrême simplicité, sa légèreté et son élégance, qui ne nuisent en rien à sa solidité. SON MOUVEMENT EST A L'ABRI DES DÉRANGEMENTS ; il est donné par les rouleaux qui roulent le gazon, au moyen d'un engrenage qui fait tourner un couteau hélicoïde avec une vitesse suffisante. Le couteau n'a jamais besoin d'être aiguisé.

PRIX :

Th. P. 1. Largeur du couteau, 0^m,20	65 fr.		Th. P. 4. Largeur du couteau, 0^m,35	140 fr.
Th. P. 2. — — 0 25	90 »		Th. P. 5. — — 0 40	165 »
Th. P. 3. — — 0 30	120 »		Th. P. 6. — — 0 45	175 »

TONDEUSES DE GAZON ANGLAISES

Les tondeuses anglaises diffèrent des tondeuses américaines en ce qu'elles sont munies à l'avant d'une sorte de boîte dans laquelle le gazon coupé est précipité par la vitesse de rotation du couteau. Lorsque cette boîte est pleine, on l'enlève pour la vider au moyen de deux poignées placées sur ses côtés et on la replace ensuite très-facilement.

Ainsi cette machine roule, coupe & ramasse le gazon en même temps. Malgré cela, elle est simple, légère et solide.

PRIX :

Th. P. 1. Largeur du couteau, $0^m,25$. Force, 1 garçon	110 fr.	Th. P. 5. Largeur du couteau, $0,^m63$. Force, 1 âne	305 »
Th. P. 2. — $0^m,30$ — 1 —	145 »	Th. P. 6. — $0^m,76$ — 1 bidet	495 »
Th. P. 3. — $0^m,35$ — 1 homme	176 »	Th. P. 7. — $0^m,92$ — 1 cheval	670 »
Th. P. 4. — $0^m,40$ — 2 —	210 »		

Appareil automatique pour vider la caisse des numéros 5, 6 et 7 . . . . 50 fr.

ROULEAUX DE JARDIN

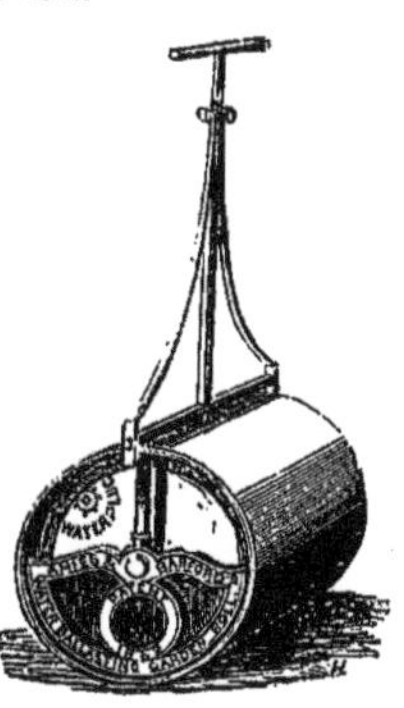

L'avantage que ces rouleaux ont sur les autres c'est qu'en les remplissant d'eau on en double le poids. Ils sont construits en fer et le levier est à contrepoids, de manière à ne jamais tomber à terre, ce qui l'empêche de se salir.

PRIX :

Th. P. 1. Largr $0^m,45$ sur $0^m,45$; poids vide, 90 kil.; poids plein, 150 kil. .	150 fr.
Th. P. 2. — $0^m,51$ — $0^m,51$	110 —	—	212 — .	180 »
Th. P. 3. — $0^m,55$ — $0^m,55$	— 140 —	—	280 .	210 »
Th. P. 4. — $0^m,61$ — $0^m,61$	— 175	—	350 — .	200 »
Th. P. 5. — $0^m,67$ — $0^m,67$	— 225 —	—	450 — .	370 »
Th. P. 1. Rouleau ordinaire, $0^m,45$ sur $0^m,45$	85 »
Th. P. 2. — — $0^m,50$ — $0^m,50$	110 »

RATISSOIRES
POUR LES ALLÉES

Construites en fer, avec lame en acier, elles sont très-légères et d'une solidité à toute épreuve.

La lame peut se régler pour ratisser plus ou moins profondément.

PRIX :

A bras . . . . 40 fr.
A cheval . . . . 75 »
A cheval, avec râteau . . . . 115 »

GRILLAGE MÉCANIQUE

CLOTURE DE CHASSE

GALVANISÉ APRÈS FABRICATION

Le grillage en fil de fer galvanisé forme une clôture très-solide, élégante et d'un prix relativement peu élevé. Il convient à tous les usages, suivant la largeur de la maille et la grosseur du fil : construction de volières, faisanderies, basses-cours, entourages de chenils, **CLOTURES DE CHASSES**.

Les grands propriétaires de chasse, notamment, l'emploient avec succès ; cette clôture, **EN RÉALITÉ PEU COU-TEUSE**, leur procure entre autres avantages celui de n'avoir plus à payer chaque année aux riverains des sommes considérables pour les dégâts occasionnés par le gibier. Du reste, la vente du grillage galvanisé pour cet usage a pris une très-grande extension ; c'est la meilleure preuve à donner de l'utilité de son emploi.

La galvanisation après fabrication est un point essentiel pour la durée du grillage, car non-seulement cette opération le met complétement **A L'ABRI DE LA ROUILLE**, mais chaque joint se trouve soudé, et la solidité du grillage se trouve augmentée d'une façon considérable.

Ces grillages sont fabriqués avec des fils anglais, et les numéros sont ceux de la jauge française qui s'en approchent le plus.

ROULEAUX DE GRILLAGE EN FIL DE FER

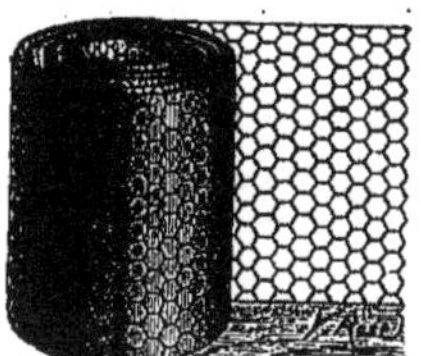

Ce grillage est fabriqué en rouleaux de 50 mètres, de toute hauteur, jusqu'à 1ᵐ,20 pour les mailles au-dessous de 17 ᵐ/ₘ, et jusqu'à 1ᵐ,83 pour celles au-dessus de 37 ᵐ/ₘ; mais, sur la demande du client, on peut fabriquer les rouleaux de n'importe quelle longueur.

GRILLAGE EN FIL DE FER, A MAILLES DE 19 MILLIMÈTRES

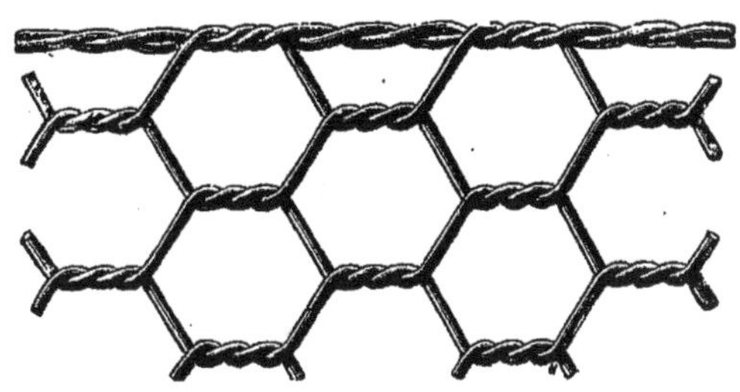

Très-avantageux pour la construction des volières, cages, garde-fenêtres, etc.; il est d'une solidité à toute épreuve, étant fabriqué avec du fil n° 5.

Maille de 19 ᵐ/ₘ, fil 5, hauteur 1 mètre,
à 1 fr. 85 le mètre courant.

GRILLAGE EN FIL DE FER, A MAILLES DE 41 MILLIMÈTRES

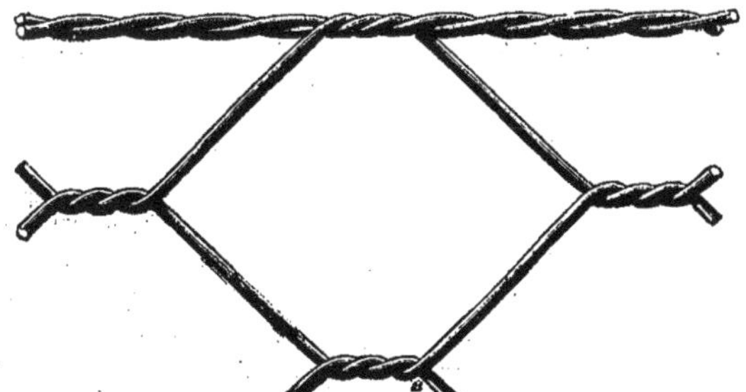

CLOTURE DE CHASSE

La grandeur et la forme de ce grillage a toutes les qualités désirables pour garantir des dégâts qu'occasionnent, aux abords des bois, les animaux nuisibles, et principalement les lapins, auxquels il est impossible de franchir cette clôture.

Maille de 41 ᵐ/ₘ, fil 8, hauteur 1 mètre,
à 1 fr. le mètre courant.

Pour les autres dimensions et plus amples renseignements, demander le catalogue spécial.

TABLE DES MATIERES

FIN

Paris. — Impr. J. CHÉRET et Cie, 18, rue Brunel.

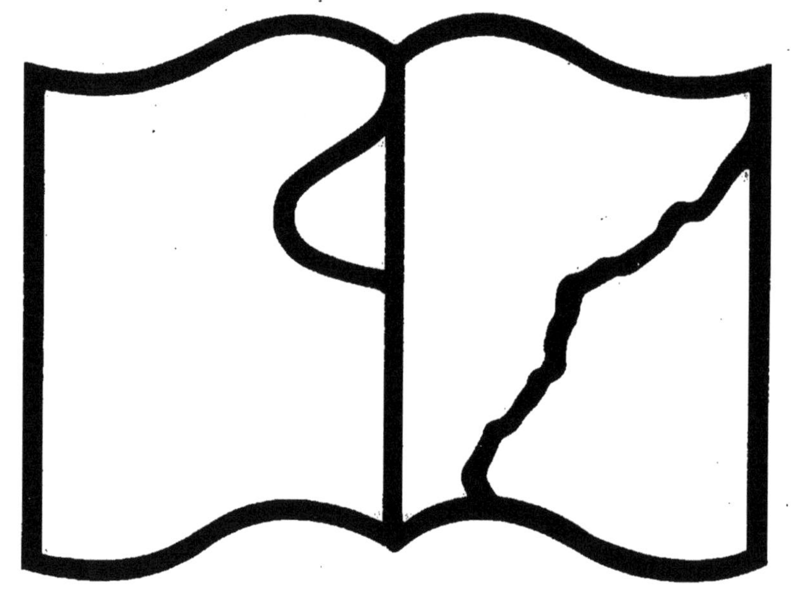

www.ingramcontent.com/pod-product-compliance
Ingram Content Group UK Ltd.
Pitfield, Milton Keynes, MK11 3LW, UK
UKHW022343070726
13614UKWH00003B/1130